新疆特色的轨道交通类专业教学体系研究课题成果

铁道工程技术专业培养方案及教学标准

主　编　曹永鹏　段明社

副主编　谢守鹏　虎东霞

主　审　李红岩[乌鲁木齐城市轨道集团有限公司]
李　杰[新疆交通职业技术学院]

内 容 提 要

本书共包括四部分内容:第一部分为专业人才培养方案;第二部分为专业基础课程标准;第三部分为专业核心课程标准;第四部分为专业拓展、综合实践课程标准。课程标准共20门,涵盖全部专业基础课、专业核心课、专业拓展课和综合实践课。

本书融职业教育教学特色与铁道施工、运营行业特色于一体,可用于指导高等职业院校铁道工程技术专业人才培养方案的设计与课程开发,并可作为专业教材编写的重要依据。

图书在版编目(CIP)数据

铁道工程技术专业培养方案及教学标准 / 曹永鹏,段明社主编. —北京:人民交通出版社股份有限公司,2016.8

新疆特色的轨道交通类专业教学体系研究课题成果

ISBN 978-7-114-13228-5

Ⅰ.①铁… Ⅱ.①曹… ②段… Ⅲ.①铁路工程—职业教育—教学参考资料 Ⅳ.①U2

中国版本图书馆 CIP 数据核字(2016)第 172153 号

新疆特色的轨道交通类专业教学体系研究课题成果

Tiedao Gongcheng Jishu Zhuanye Peiyang Fang' an ji Jiaoxue Biaozhun

书　　名: 铁道工程技术专业培养方案及教学标准

著 作 者: 曹永鹏　段明社

责任编辑: 司昌静

出版发行: 人民交通出版社股份有限公司

地　　址: (100011)北京市朝阳区安定门外外馆斜街 3 号

网　　址: http://www.ccpress.com.cn

销售电话: (010)59757973

总 经 销: 人民交通出版社股份有限公司发行部

经　　销: 各地新华书店

印　　刷: 中石油彩色印刷有限责任公司

开　　本: 787×1092　1/16

印　　张: 9

字　　数: 215 千

版　　次: 2016 年 8 月　第 1 版

印　　次: 2016 年 8 月　第 1 次印刷

书　　号: ISBN 978-7-114-13228-5

定　　价: 120.00 元

(有印刷、装订质量问题的图书由本公司负责调换)

序

2011年11月26日,乌鲁木齐地铁正式得到国家发展改革委的批复,乌鲁木齐市步入轨道交通时代,掀开了地铁建设的热潮。为了适应市场需求,新疆交通职业技术学院于2008年申报开办电气化铁道技术专业,经过多年努力,形成了集轨道交通工程、机电、信号、运营为一体的技能型人才培养格局,与乌鲁木齐城市轨道集团有限公司签订订单培养300多人,在各地铁路部门就业200余人,轨道交通人才培养呈现良好的发展态势。

新专业的开办面临的是人才培养方案的修订、师资队伍的培养、实验实训条件的建设等一系列专业建设问题。为解决好这些问题,本人带领轨道交通专业教学团队,向新疆维吾尔自治区交通运输厅申报了《新疆特色的轨道交通类专业教学体系研究》科技重点课题,在自治区交通运输厅的大力支持下,于2013年7月正式开展相关研究。研究团队先后前往北京地铁、南京地铁、广州地铁等企业进行调研,在广东交通职业技术学院、北京交通运输职业学院、南京铁道职业技术学院等兄弟院校进行了人才培养方案论证和师资培养交流,进而形成了专业人才培养方案和课程标准,以期指导专业建设,同时形成了《轨道交通信号系统维护》等部分特色教材,用于相关专业的教学。现将相关成果进行集中出版,以期能够在更广的范围内获得应用,更是启发后续相关专业建设的关键。

课题研究得到了乌鲁木齐城市轨道集团有限公司的大力支持以及相关企业和兄弟院校的帮助,在此表示诚挚感谢。南京铁道职业技术学院林瑜筠教授,北京交通大学毛宝华教授,广东交通职业技术学院王劲松教授、吴晶教授、黎新华教授,乌鲁木齐城市轨道集团有限公司的徐平、邓超等专家给予了指导和支持,人民交通出版社股份有限公司相关编辑、课题团队成员为系列成果出版做了大量工作,在此一并致谢。

二〇一六年五月

前　言

铁道工程技术专业是我院顺应新疆铁路建设快速发展对人才的需求于2010年创办的。几年来,专业建设团队不断深入铁路工程建设生产一线开展人才需求调研,在调研和人才需求分析的基础上,通过与生产一线专家共同分析论证,对铁道工程技术专业所涵盖的岗位(群)进行了职业能力和工作任务分析,通过典型工作任务分析→行动领域归纳→学习领域转换等步骤和方法,形成了基于工作过程的专业课程体系。在课程体系优化的基础上,形成了铁道工程技术专业人才培养方案与课程标准,并编辑成书出版。

本书由新疆交通职业技术学院轨道工程教研室组织编写。全书共包括四部分内容:第一部分为专业人才培养方案;第二部分为专业基础课程标准;第三部分为专业核心课程标准;第四部分为专业拓展、综合实践课程标准。专业人才培养方案由曹永鹏执笔。课程标准共20门,涵盖全部专业基础课、专业核心课、专业拓展课和综合实践课。其中,铁道概论课程标准由曹永鹏、李琦执笔;岩土工程基础课程标准由冯哲、如黑艳执笔;铁路桥涵施工与维护课程标准由虎东霞、宿春燕执笔;铁路隧道施工与维护课程标准由孙洋、张艳云执笔;铁路轨道施工与维护课程标准由曹永鹏、李琦执笔;铁路路基施工与维护课程标准由冯哲、马洁执笔;铁路工程施工组织与预算课程标准由许璇、郭新玉执笔;轨道工程测量课程标准由高峰、曹永鹏执笔。参与课程标准编制的还有张玲、刘海平、多力肯、曹静等。本书编写过程中得到中铁二十一局、乌鲁木齐铁路局奎屯工务段、乌鲁木齐城市轨道集团有限公司等单位技术专家的指导和帮助。乌鲁木齐城市轨道集团有限公司高级工程师李红岩做了大量的审核工作,在此谨表谢意。

本书融职业教育教学特色与铁道施工、运营行业特色于一体,可用于指导高等职业院校铁道工程技术专业人才培养方案的设计与课程开发,并可作为专业教材编写的重要依据。

由于编者水平有限,书中难免有不足之处,敬请读者批评指正。

作　者

二〇一六年五月

目　　录

第一部分　专业人才培养方案

第二部分　专业基础课程标准

第三部分　专业核心课程标准

第四部分　专业拓展、综合实践课程标准

第一部分

专业人才培养方案

专业人才培养方案说明

铁路作为国民经济的大动脉,是国家最重要的基础设施之一,在我国经济社会发展中的作用和地位至关重要。2008 年国家调整了中长期铁路网规划,掀起了全国铁路建设的新高潮。新疆作为我国向西开放的桥头堡,也迎来了铁路建设的黄金期。2010 年,原铁道部和新疆维吾尔自治区人民政府签署了《关于加快推进新疆铁路跨越式发展的会议纪要》,预计到 2020 年,新疆铁路将形成"四横四纵、四大对外通道、六个铁路口岸、四个铁路枢纽"的主骨架。铁路建设的快速发展形成了很大的人才需求市场。

2010 年,为了顺应新疆铁路建设发展的需求,新疆交通职业技术学院开办了铁道工程技术专业。几年来,专业建设团队根据行业人才需求情况,不断完善专业人才培养方案,初步形成了"重德强技、工学结合、技能递进"的人才培养模式,构建了基于工作过程的课程体系。

2015 年 3 月以来,铁道工程技术专业建设团队借鉴内地铁路院校的先进办学经验,结合新疆铁路及城市轨道交通建设的人才需求,征求校内外专家的意见,在 2014 级人才培养方案基础上对专业基础课、专业核心课及专业拓展课的教学内容和开课学期做了调整,于 2015 年 6 月形成本方案。

专业人才培养方案

一、专业名称

铁道工程技术(专业代码:520208)

二、教育类型及学历层次

教育类型:高等职业教育
学历层次:大专

三、招生对象、学制与毕业要求

(一)招生对象

高中毕业生或同等学力者

(二)学制

全日制三年

(三)毕业要求

1.课程考试(核)要求

在规定年限内修完规定的必修课程和选修课程,各科考核成绩合格。

2.计算机能力要求

获得全国高等学校非计算机专业学生计算机联合考试(简称高校等考 CCT)证书或全国计算机等级考试(简称 NCRE)证书。

3.外语能力要求

获取高等学校英语应用能力考试(简称 PRETCO)B 级证书。

4.职业资格证书

取得铁道线路工或工程测量工中/高级资格证书。

四、职业目标

主要面向铁路施工企业的施工员、测量员等岗位及铁路运营企业的线路工、桥隧工等工作岗位。

五、职业能力

(一)岗位描述

通过对铁道工程技术专业毕业生就业岗位的调研与分析,确定典型工作岗位如表 1-1 所示。

专业面向的岗位及岗位描述

表 1-1

工作单位	岗位名称	岗位描述
铁路施工企业	施工员	能依据施工图进行合理的施工组织设计;能按照规范确定施工方法,进行路基、轨道、桥隧施工;能合理开展施工现场管理工作
	测量员	能根据施工图进行路基、轨道、桥梁、隧道的施工放样
	试验员	能利用试验仪器进行常用工程材料的试验检测、数据处理及结果评定
	质检员	具有铁道工程施工过程中施工质量的检查与控制能力,能进行质量管理及质量检查
铁路运营企业	线路工	具有铁路轨道、路基及其附属建筑物维护的作业技能
	桥隧工	具有铁路桥梁、隧道及其附属建筑物维护的作业技能

(二)典型工作任务及其工作过程

典型工作任务及其工作过程如表 1-2 所示。

典型工作任务及其工作过程

表 1-2

序号	工作岗位	典型工作任务	工作过程
1	施工员	编制施工组织计划	1. 编制施工进度图; 2. 编制具体施工方案; 3. 制订机械、人员需求表; 4. 编制质量、安全、环境保护措施
2		路基施工	1. 施工图纸复核; 2. 工程量复核; 3. 确定路基施工方法及施工工艺流程; 4. 组织施工过程
3		桥隧施工	1. 施工图纸复核; 2. 桥隧工程量复核; 3. 确定桥梁、隧道施工方法及施工工艺流程; 4. 组织施工过程
4		轨道施工	1. 轨道施工图纸复核; 2. 工程量复核; 3. 确定轨道施工方法及施工工艺流程; 4. 组织施工过程
5		施工现场管理	1. 现场施工人员、机械、材料合理调配; 2. 处理现场突发事件
6	测量员	施工放样	1. 线路复测及中桩交接; 2. 路基、轨道、桥隧平面位置及高程放样; 3. 线路沉降变形的监测
7	试验员	材料试验及检测	1. 原材料取样; 2. 试件制备; 3. 试验设备的操作; 4. 试验数据的记录分析及结果评定; 5. 试验报告的报送存档; 6. 设备使用情况的记录; 7. 试验仪器的保养

续上表

序　号	工 作 岗 位	典型工作任务	工 作 过 程
8	质检员	质量管理及检查验收	1. 制订质量保证措施及质量验收办法； 2. 进行原材料检查与识别； 3. 进行工序质量检查与验收评定； 4. 进行工程质量验收工作
9	线路工	轨道养护	1. 检查轨道隐患； 2. 制订维修方案； 3. 进行维修作业； 4. 验收维修质量
10	桥隧工	桥梁养护	1. 检查桥梁、隧道病害； 2. 制订养护方案； 3. 进行养护作业； 4. 验收养护质量

（三）能力与素质总体要求

1. 知识结构

（1）掌握工程材料的使用、选择、鉴定、储运保管的知识；

（2）掌握铁道工程地质、土力学的基础知识；

（3）掌握铁路工程测量的基本理论和方法；

（4）掌握铁路轨道、路基的设计、施工、维护的基本理论和方法；

（5）掌握桥梁、隧道工程构造、施工、维护的基本理论与技术方法；

（6）掌握工程监理及工程招、投标的基本知识。

2. 能力结构

（1）能正确识读工程图样并能较熟练地应用 CAD 制图；

（2）能熟练操作水准仪、全站仪及其他测量工具进行控制测量、地形测量和铁路轨道、路基、桥梁、隧道等专业测量工作；

（3）初步具备铁路轨道、路基、桥梁、隧道及其附属建筑物结构计算、材料试验检测的技能；

（4）初步具备铁路轨道、路基、桥梁、隧道及其附属建筑物施工、维护的作业技能。

3. 综合职业能力、素质结构

（1）能在他人协助下完成铁道线路维护主要作业项目；

（2）对常用机械设备、电器设备有选择、使用和维护的能力；

（3）具有对铁道工程施工过程中施工质量的检查与控制能力；

（4）英语水平应达到国家大学英语应用能力 B 级水平；

（5）计算机操作应达到普通高校非计算机专业 Ⅰ 级水平，并获等级证书；

（6）具有从事铁道工程设计的基本能力；

（7）具有一定组织协调能力，具有健康的体魄、完整的人格和良好的意志品质，能适应本专业艰苦的工作环境。

六、专业培养目标

培养德、智、体、美全面发展，具有实事求是、精益求精、团结协作等职业素养，掌握铁路工程、城市轨道交通工程、公路工程方面的专业知识和技能，能胜任铁路、城轨、公路等工程项目建设一线的工程施工、质量检测、工程测量、现场管理、工程监理、养护维修等工作的高技能应用型人才。毕业生实行毕业证书和专业技能证书结合的“双证书”制度，应具备铁道施工企业施工员、质检员、测量员、试验员的基本技能和铁路运营单位线路工、桥隧工的基本技能。

七、课程体系设计

（一）课程体系构建思路

毕业生面向的主要就业岗位对于职业能力要求是我们课程设置的依据。专业建设团队通过深入生产一线调研分析，明确了专业面对的职业岗位群及相关岗位应具备的职业能力。按照“基于工作过程”与“就业导向”的课程建设思路，以典型职业岗位能力和从业能力培养为核心，通过与企业合作，构建了基于铁路施工与养护维修工作过程的课程体系。

（二）专业核心能力培养体系设计

专业核心能力培养是实现人才培养目标的关键。依据职业岗位能力要求，提炼了 3 个方面的职业核心能力（即轨道、路基、桥梁、隧道及其附属建筑物施工作业能力、养护维修能力、工程管理能力）。在专业核心能力培养的设计上注重合理性和可操作性，按照就业导向、能力本位的原则，确定了 5 门与核心能力要求对应的核心课程，设计了 4 个核心技能的实训项目（通过课间实训和生产实习实现），真正将核心能力培养放到了中心位置。专业核心能力与核心课程对应关系如图 1-1 所示。

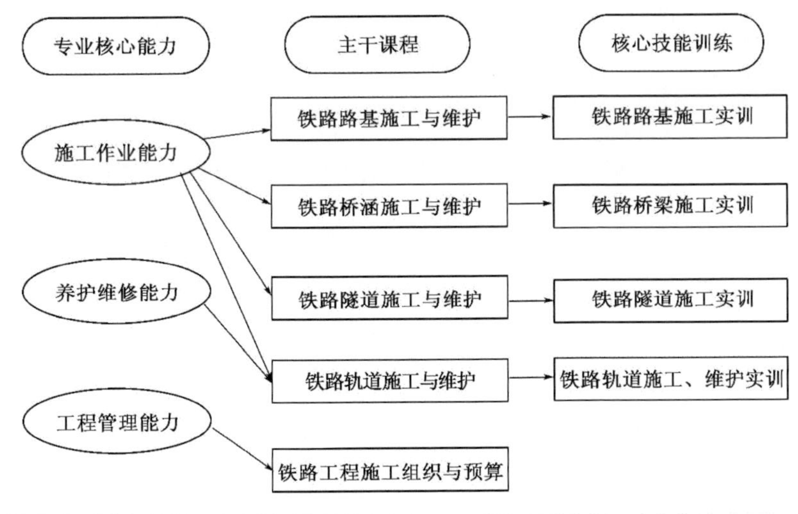

图 1-1　专业核心能力与核心课程对应关系

（三）课程体系模块

本专业提炼形成“重德强技、工学结合、技能递进”式人才培养模式，根据高素质技能型人才培养目标和岗位能力的要求，针对学生的共性和不同的个性特点，以培养提高学生的职业素质为重心，以培养提高学生的能力为重点。按照职业素质、岗位能力、岗位拓展能力以及学生岗位能力提升的不同要求，设计出职业素质教育、专业基础能力培养、专业核心能力培养、岗位拓展能力培养及专业综合能力培养模块，如图 1-2 所示。

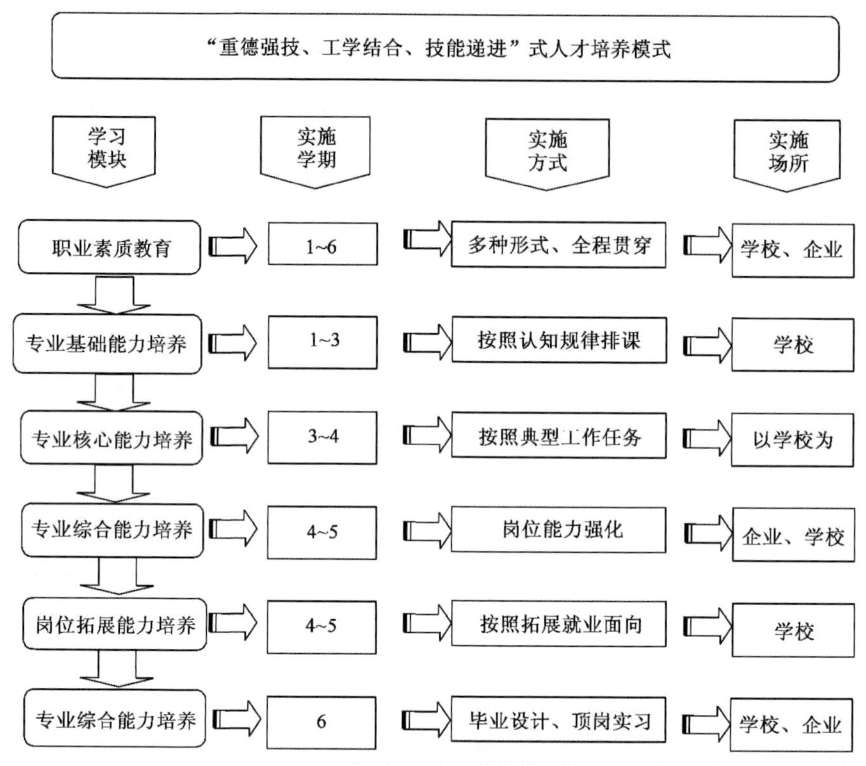

图 1-2　铁道工程技术专业人才培养模式

铁道工程技术专业课程体系分 5 个学习模块。各学习模块对应课程如表 1-3 所示。

课 程 体 系 设 计　　表 1-3

学 习 模 块	对 应 课 程
职业素质教育	思想道德修养与法律基础、就业指导与创业教育、心理健康教育、新疆历史与民族宗教政策理论教程、马克思主义原理概论、毛泽东思想与中国特色社会主义概论、形势与政策、体育、入学及安全教育、军事课
专业基础能力培养	高职英语、应用数学、铁道概论、工程图绘制与识读、计算机应用基础、力学与结构、测量仪器使用与数据处理、工程材料应用、岩土工程基础
专业核心能力培养	铁路桥涵施工与维护、铁路隧道施工与维护、铁路路基施工与维护、铁路轨道施工与维护、铁路工程施工组织与预算
岗位拓展能力培养	公路概论、公路施工技术、CAD 技术与工程软件应用、城市轨道交通概论、轨道工程测量、铁路设计基础
专业综合能力培养	铁路施工岗位能力培训、铁路养护岗位能力培训、毕业答辩、顶岗实习及毕业设计

八、教学进程安排

(一)教学进程及时间分配(表1-4)

教学进程及时间分配 表1-4

铁道工程技术专业教学进程表(高职)																
序号	课程类别		课程名称	考核方式	学时数			各学期周学时分配								
					合计	理论	实践	第一学年			第二学年			第三学年		
								1		2	3	4		5		6
								2周	16周	18周	18周	8周	10周	10周	8周	18周
1	必修课	公共基础课	思想道德修养与法律基础	考查	54	54	0	军训15天	2				铁路施工岗位能力培训：施工图识读与绘制实训1周、施工组织与预算实训3周、施工放样实训2周、工程施工技术及质量检测实训4周	铁路养护岗位能力培训：线路维修及管理培训4周、桥涵养护与管理培训3周、隧道养护与管理培训3周		顶岗实习及毕业设计17周；毕业答辩1周
2			马克思主义哲学原理概论	考查	32	32	0			2						
3			新疆历史与民族宗教理论政策教程	考查	54	54	0				2					
4			毛泽东思想与中国特色社会主义理论体系概论	考查	54	54	0					2				
5			形势与政策	考查	80	1～5学期设置										
6			体育	考查	136	8	128		2	2	2	2			2	
7			计算机应用基础	考试	64	14	50		4							
8			高职英语	考试	64	64	0		4							
9			应用数学	考查	64	64	0		4							
10			军事课	考查	按文件规定执行											
11			入学、安全教育	考查												
		小计			602	384	218									
12		专业基础课	铁道概论	考查	32	26	6		2							
13			力学与结构	考试	136	120	16		4	4						
14			工程图绘制与识读	考查	72	36	36			4						
15			测量仪器使用与数据处理	考试	72	36	36			4						
16			工程材料应用	考试	72	36	36			4						
17			岩土工程基础	考查	72	60	12			4						
		小计			456	314	142									
18		专业核心课	铁路桥涵施工与维护	考试	108	84	24				6					
19			铁路隧道施工与维护	考试	108	84	24				6					
20			铁路轨道施工与维护	考试	72	52	20				4					
21			铁路路基施工与维护	考试	72	48	24				4					
22			铁路工程施工组织与预算	考查/考试	64	44	20					4			4	
		小计			424	312	112									
23		专业拓展课	轨道工程测量	考试	64	32	32					4			4	
24			CAD技术与工程软件应用	考查	16	6	10					2				
25			铁路设计基础	考查	64	44	20					4			4	
26			公路概论	考查	32	20	12					4				
27			公路施工技术	考查	48	28	20								6	
28			城市轨道交通概论	考查	32	22	10								4	
		小计			256	152	104									
29		综合实践课程	铁路施工岗位能力培训	考查	260	0	260									
30			铁路养护岗位能力培训	考查	260	0	260									
31			顶岗实习及毕业设计	考查	442	0	442									
32			毕业答辩	考查	26	0	26									
		小计			988	0	988									
33	选修课		高职学生职业发展与就业(创业)指导(必选)	考查	24	18	6									
34			大学生心理健康(必选)	考查	24	24	0									
35			德育活动课(必选)	考查	每周三开设											
36			工程建设法律法规	考查	20	根据具体课程以讲座活动等形式开展										
37			公关礼仪	考查	20											
38			应用文写作	考查	20											
		小计			48	42	6									
		总学时及周学时			2774	1204	1570		22	24	24	22			24	

注:1. 形势与政策课程1～5学期开设、每学期16学时,由讲座、专题报告、社会实践等形式完成。

2. 思想道德修养与法律基础、新疆历史与民族宗教理论政策教程、马克思主义哲学原理概论、毛泽东思想与中国特色社会主义理论体系概论课程总课时不足,由学院统一安排以课外实践形式完成。

（二）综合实验实训实习设置及学时安排（表 1-5）

综合实验实训实习设置及学时安排　　表 1-5

序　号	实训项目名称	学　期	学　时	周　数	起　止　周
1	铁路施工岗位能力培训	4	260	10	9 ~ 18
2	铁路养护岗位能力培训	5	260	10	1 ~ 10
3	顶岗实习及毕业设计	6	442	17	1 ~ 4、6 ~ 18
4	毕业答辩	6	26	1	5

（三）教学课程设计及学时比例（表 1-6）

教学课程设计及学时比例　　表 1-6

课 程 性 质	总　学　时	理 论 学 时	实 践 学 时	比　例　（%）
公共基础课程	602	384	218	22.1
专业基础课程	456	314	142	16.7
专业核心课程	424	312	112	15.6
专业拓展课程	256	152	104	9.4
综合实践课	988	0	988	36.2
合计	2726	1162	1564	100
理论教学学时与实践教学学时的比例			1:1.35	

（四）全学程时间安排（表 1-7）

全学程时间安排（周）　　表 1-7

项目学期	入学教育及军训	公益劳动	毕业答辩	顶岗实习及毕业设计	实习及实训	理论教学	总计
一	2					16	18
二		1				17	18
三		1				17	18
四					10	8	18
五					10	8	18
六			1	17			18
总计	2	2	1	17	20	66	108

九、专业核心课程说明（表 1-8 ~ 表 1-12）

课程 1　铁路桥涵施工与维护　　表 1-8

课程名称	铁路桥涵施工与维护	建议学时	108	开课时间	第三学期
先学课程	测量仪器使用与数据处理、工程材料应用、工程图绘制与识读、岩土工程基础	后续课程		铁路工程施工组织与预算	
1. 课程目标 通过任务引领型的项目活动，掌握桥梁工程施工、检测加固处理等技能和相关理论知识，对桥梁施工工艺流程有一个基本了解，能够承担桥梁施工的准备工作、桥梁施工过程中的施工工艺控制及桥梁工程检测加固处理等工作任务；可以成为承担桥梁施工、检测及管理一线生产任务的工程技术人员，并为职业能力的持续发展打下良好基础。					

续上表

课程名称	铁路桥涵施工与维护	建议学时	108	开课时间	第三学期
2. 课程内容 桥梁建设总体设计、桥梁的施工设备、桥梁基础施工、梁式桥施工、组合体系桥与涵洞施工、拱桥施工、桥梁检测与加固处理。 3. 教学评价 (1)期末考查占30%,完成模块任务占30%,平时考勤占20%,实训成果占20%。 (2)模块评价采用教师评价和学生自评相结合的形式,即“组长系数制”。每项模块完成后,由各小组提交一份成果报告,内容越丰富越有内涵,全组加分越高;适当时候进行小组答辩,对模块实施能提出新的观点及一些好的建议或相关案例的,适当加分。教师给出各小组得分→组长根据组员在工作完成中所起的作用和表现状况,初定组员系数(0.8~1.1)→教师和班干部、组长开“碰头会”,对系数进行调整确认→小组分乘系数,得各组员的得分。 4. 教学建议 组成一支职称结构、学历结构、年龄结构、专兼比例合理的课程教学“双师”结构师资队伍。贯彻“以学生为中心”的教学理念,实施行动导向教学方法,学生以小组形式,在教师的引导下通过模块的完成,达到专业知识学习和专业技能训练的目的。					

课程2　铁路隧道施工与维护

表1-9

课程名称	铁路隧道施工与维护	建议学时	108	开课时间	第三学期
先学课程	测量仪器使用与数据处理、工程材料应用、工程图绘制与识读、岩土工程基础	后续课程		铁路工程施工组织与预算	
1. 课程目标 通过任务引领型的项目活动,使学生了解铁路隧道的基本知识,掌握隧道各组成部分的基本工序与施工工艺;能够合理选择施工方案、制定施工方法;能进行规范要求的隧道施工监控量测项目;成为承担隧道施工、检测及管理一线生产任务的工程技术人员。 2. 课程内容 隧道洞口施工、隧道明洞施工、钻爆法掘进施工、掘进机法施工、初期支护类型及参数、二次衬砌施工、隧道的防排水、隧道施工监控量测项目。 3. 教学评价 改革传统的学业评价手段和方法,采用阶段评价、过程性评价与目标评价相结合,理论与实践一体化的评价模式。关注评价的多元性,结合课堂提问、学生作业、平时测验、实验实训、技能竞赛及考试情况,综合评价学生成绩。 4. 教学建议 本课程理论知识比较多,比较难掌握,要把难以理解的知识简单化、形象化,在教学过程中注重联系实际应用,解决现实问题。课程宜结合实际案例采用现场教学法或任务驱动教学法。 (1)现场教学法:将课堂搬到工地,采用工学交替的“课堂+工地”教学模式,结合典型的隧道工程实例,到工程施工现场进行讲课和实际操作,激发学生的学习兴趣。 (2)任务驱动、基于工作过程的教学方法:确定一个明确的教学任务,在现场教学中以任务驱动为主线,将自主策划、任务分解、“教、学、做”有机结合,按照基于工作过程实施教学。					

课程 3　铁路轨道施工与维护

表 1-10

课程名称	铁路轨道施工与维护	建议学时	72	开课时间	第三学期
先学课程	测量仪器使用与数据处理、工程材料应用、工程图绘制与识读、岩土工程基础、铁路路基施工与维护	后续课程		铁路施工岗位能力培训、铁路养护岗位能力培训	

1. 课程目标

通过任务引领型的项目活动，利用一体化教学环境及校内外实训基地，使学生掌握铁道工程施工、养护和维修等技能和相关理论知识，对铁道工程施工工艺流程有一个基本了解，能够承担铁道工程施工的准备工作、铁道工程施工过程中的施工工艺控制及铁道工程养护和维修等工作任务；可以成为承担铁道工程施工、养护和维修一线生产任务的工程技术人员。

2. 课程内容

轨道构造、道岔、轨道线形、轨道施工与安全管理、轨道养护力学及养护机械、轨道检测、维修及验收评定。

3. 教学评价

(1)本课程的总评成绩 = 平时成绩 + 模块评价成绩 + 期末考核成绩 = 20% + 40% + 40%。

(2)模块评价采用教师评价和学生自评相结合的形式，即"组长系数制"。每项模块完成后，由各小组提交一份成果报告，内容越丰富越有内涵，全组加分越高；适当时候进行小组答辩，对模块实施能提出新的观点及一些好的建议或相关案例的，适当加分。教师给出各小组得分→组长根据组员在工作完成中所起的作用和表现状况，初定组员系数(0.8～1.1)→教师和班干部、组长开"碰头会"，对系数进行调整确认→小组分乘系数，得各组员的得分。

4. 教学建议

(1)教学条件：配备有电脑网络多媒体教学系统的教室，有轨道的现场实习基地，学生能够学与实践相结合。组成一支职称结构、学历结构、年龄结构、专兼比例合理的课程教学"双师"结构师资队伍。带领实习的辅助教师应具有较强的职业技能，具有较丰富的企业一线工作经验，具有高级工以上职业资格证书。

(2)教学方法：贯彻"以学生为中心"的教学理念，实施行动导向教学方法，学生以小组形式，在教师的引导下通过项目的完成，达到专业知识学习和专业技能训练的目的。

课程 4　铁路路基施工与维护

表 1-11

课程名称	铁路路基施工与维护	建议学时	72	开课时间	第三学期
先学课程	测量仪器使用与数据处理、工程材料应用、工程图绘制与识读、岩土工程基础	后续课程		铁路轨道施工与维护	

1. 课程目标

通过任务引领型的项目活动，掌握铁路路基工程施工的技能和相关理论知识，对路基施工工艺流程有一个基本了解，能够承担路基施工的准备工作、路基施工过程中的施工工艺控制及路基工程防护及加固处理等工作任务；能够成为承担路基施工、路基排水及防护加固等一线生产任务的工程技术人员，并为职业能力的持续发展打下良好基础。

2. 课程内容

铁路路基构造、路基施工、特殊路基处理、路基排水及防护加固。

3. 教学评价

本课程采用考核评价和过程评价相结合的方式。对学生的知识与技能掌握程度、学生的知识综合运用能力、团结协作和语言表达等社会能力以及在实训过程中表现出来的个人素质进行综合评价。

完成平时学习任务占 50 分，期末考试占 50 分。考核评价中突出平时的技能训练、出勤、安全、态度、团队精神等。

4. 教学建议

充分利用实训中心路基工程实训室进行校内实践教学活动设计与教学。教学过程中应注意充分调动学生的主动性和积极性，避免"满堂灌"的传统教学方法，注重"教"与"学"的互动。可以对学生进行分组，每组 6～7 人，各组任命一名学生作为辅教，以小组为单位参加课堂及实践教学环节，考核成绩与小组的综合评定成绩相关。

课程5　铁路工程施工组织与预算　　表1-12

<table>
<tr><td>课程名称</td><td>铁路工程施工组织与预算</td><td>建议学时</td><td>64</td><td>开课时间</td><td>第四、五学期</td></tr>
<tr><td>先学课程</td><td>铁路桥涵施工与维护、铁路隧道施工与维护、铁路轨道施工与维护、铁路路基施工与维护</td><td colspan="2">后续课程</td><td colspan="2">顶岗实习</td></tr>
<tr><td colspan="6">1. 课程目标
通过任务引领型的项目活动,使学生能熟练施工组织概预算的相关专业知识;能熟悉掌握工程项目施工的成本管理,能熟悉掌握施工网络计划技术,能熟悉掌握施工组织设计,能熟悉工程定额及概预算。
2. 课程内容
工程项目施工的成本管理、网络计划技术、施工组织设计、工程定额及概预算。
3. 教学评价
课程教学评价突出过程评价,结合课堂提问、实训活动、阶段测试、测验等手段,加强实践性教学环节的考核。评价时注重学生动手能力和分析、解决问题的能力,对在学习和应用上有创新的学生应在评定是给予鼓励。
课程教学采用“百分制”进行评价,完成平时学习任务占50分,期末考试占50分(期末考试成绩来源于施工组织设计编制及分项工程概算编制两次大作业)。考核评价中突出平时的技能训练、出勤、安全、态度、团队精神等。
4. 教学建议
(1)教学条件:充分利用学院仿真实训室进行校内实践教学活动设计与教学。
(2)教学方法:教学过程中应注意充分调动学生的主动性和积极性,避免“满堂灌”的传统教学方法,注重“教”与“学”的互动。可以对学生进行分组,每组6~7人,各组任命1名学生作为辅教,以小组为单位参加课堂及实践教学环节,考核成绩与小组的综合评定成绩相关。老师从知识传授者的角色转为学生学习过程的组织者、咨询者和指导者,使教学过程向学生自觉学习过程转化。每项工作任务完成后,各小组提交1份成果报告。积极引导学生提升职业素养,提高职业道德,形成较好的安全意识、合作意识、创新精神。</td></tr>
</table>

十、质量监控保障

(一)教学质量监控

建立专业教学质量监控体系(图1-3),通过督导检查、学生评教、企业评价等方式收集专业教学运行相关信息,分析存在的问题,并及时改进落实。

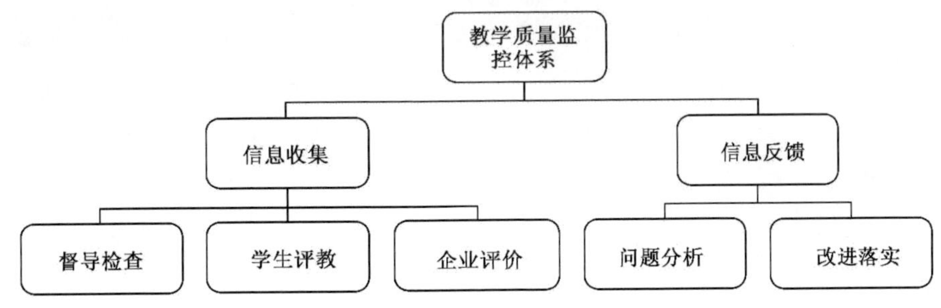

图1-3　教学质量监控体系

(二)教学质量保障

1. 教学质量标准体系建设

本专业为新办专业,教学条件标准(包括实习实训条件标准、教学团队要求等)、教学过程标准和教学考核标准还不完善。如图1-4所示各环节的质量标准还需进一步完善,以保障教学质量。

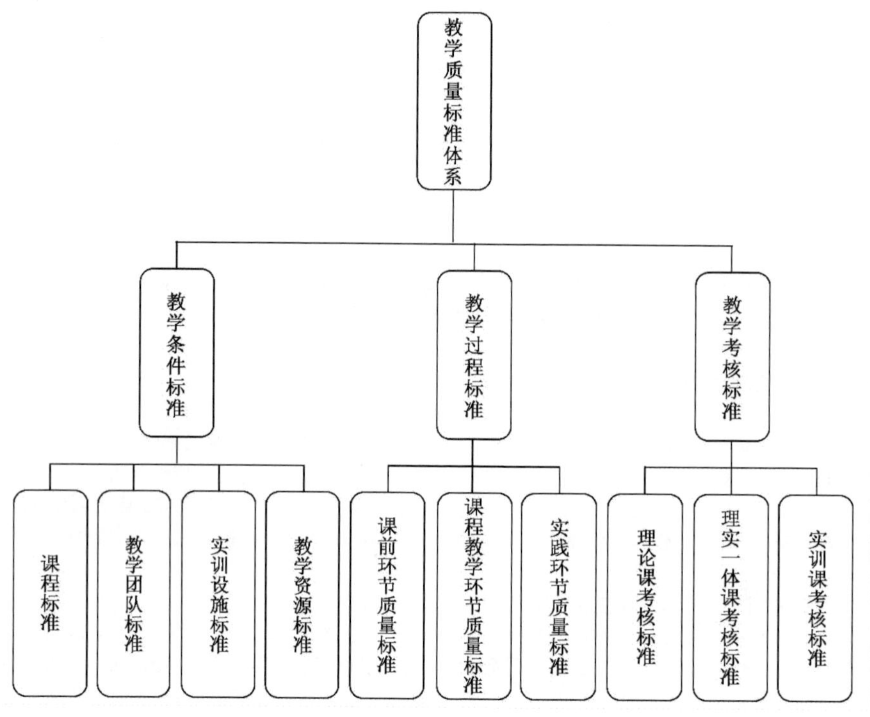

图 1-4　教学质量标准体系

2. 教学质量管理体系建设

为保障教学质量，还需完善教学质量管理体系建设。课堂教学、校内实训、顶岗实习等各环节的组织管理和质量考核在现有基础上还需进一步完善，尤其是顶岗实习环节的实施，需要高度重视。由于铁道工程技术专业的特殊性，顶岗实习学生往往分散在各地，质量难以保证。所以，一方面要加强校企合作，建立稳定的实习基地；另一方面要与合作企业共同制订实习基地的运行及管理办法，规范顶岗实习教学工作。

第二部分

专业基础课程标准

课程1　铁道概论

课程名称:铁道概论
课程性质:专业基础课
建议学时:32 学时
适用专业:铁道工程技术

一、前言

(一)课程定位

铁道概论课程是铁道工程技术专业的一门专业基础课程。通过本课程的学习培养学生对专业的兴趣,使学生对铁路运输有一个整体认知,为后续核心课程的学习奠定坚实的基础。

(二)教学设计思路

结合铁路运输系统实际,设置铁路行业总体认知、机车车辆认知、线路结构认知、信号通信认知、牵引供电认知、车站及运输组织认知等学习项目,通过现场参观、实训、查阅资料、组织知识竞赛等教学活动形式让学生对铁路运输形成一个系统化的认识。

二、课程目标

(一)知识目标

(1)掌握铁路线路的基本知识。

(2)能够区分铁路车辆和机车,了解车辆和机车的组成。

(3)掌握铁路车站的分类及各种铁路车站所完成的运输任务。

(4)了解铁路信号通信的基本知识。

(5)能够分辨铁路旅客运输、货物运输和行车组织的区别,识别列车运行图。

(6)能够了解铁路运输发展的动向,了解高速铁路、重载运输以及铁路动车组的发展情况。

(二)技能目标

(1)能够识别铁路线路,了解铁路线路和轨道的组成。

(2)能够识别铁路车辆和机车。

(3)能够识别铁路信号基础设备,包括继电器和信号室外设备(如信号机、转辙机和轨道电路)。

(4)能够识别铁路各种信号设备,包括车站信号自动控制设备、区间信号自动控制设备、编组站信号控制设备等。

(5)能够掌握铁路运输发展的动态以及发展方向。

(三)素质目标

通过对铁道概论的学习,使学生建立铁路运输整体概念;掌握铁路运营机制,树立铁路全局观念;了解铁路各专业(机、车、工、电、辆)之间的关系,确立本专业在整个铁路运输业中的地位和重要性,为后续课程的学习奠定基础。此外,通过一体化教学和现场教学激发学生的学习积极性,充分调动学生主观能动性,培养竞争和团结精神,树立学习本专业相关知识的兴趣。

三、课程内容与要求(表 2-1)

四、实施建议

(一)教材选用和编写建议

1. 教材选用

本课程暂时使用西南交通大学出版社出版的,由孙建晖主编的《铁道概论》。教材内容能较好地满足教学需要。

2. 教材编写原则与要求

自编教材应图文并茂,提高学生的学习兴趣,加深学生对铁路设施、设备等的认识和理解,教材表达必须精炼、准确、科学。

3. 教材、教学参考资料使用建议

教材内容应体现先进性、通用性、实用性,要将本专业新技术及时地纳入教材,使教材更贴近本专业的发展和实际需要。

参考教材:《铁道概论》,张立主编。

(二)教学建议

在教学过程中,应立足于加强学生实际操作能力的培养,采用项目教学,以工作任务引领提高学生学习兴趣,激发学生的成就动机。

本课程教学的关键是“教学做一体化”,在教学过程中,教师示范和学生分组讨论、训练互动,学生提问与教师解答、指导有机结合,让学生在“教”与“学”的过程中,掌握铁路线路的基本组成、设备与设施。

在教学过程中,要应用多媒体、投影等教学资源辅助教学,帮助学生熟悉现场;要重视本专业领域新技术的发展趋势。为学生提供职业生涯发展的空间,努力培养学生参与社会实践的创新精神和职业能力。

教学过程中教师应积极引导学生提升职业素养,提高职业道德。

(三)教学考核评价建议

改革传统的学生评价手段和方法,采用过程性评价模式,每个项目结束给出项目成绩,最后按各项目在总成绩中的比重汇总,得出总成绩。项目一、项目二、项目四、项目五、项目六的成绩均占总成绩的 15% ,项目三的成绩占总成绩的 25% 。

表 2-1

铁道概论课程内容与要求

序号	项　目	能 力 要 求	工 作 过 程	教学过程设计	参考学时	教 学 资 源
1	项目一 铁路行业总体认知	**知识：** 了解铁路发展历史、现状及行业相关单位概况 **技能：** 能简要描述铁路发展历史、现状，铁路运营、建设单位的职能 **素质：** 培养学生对行业的兴趣，激发学生学习热情	认知铁路行业	1. 带领学生参观专业文化展示中心，了解铁路运输行业发展概况 2. 小组成员分工查询资料，收集世界铁路和中国铁路发展大事记，收集中国铁路管理体制资料，形成对行业的整体认知（课下完成） 3. 各小组展示行业整体认知成果，形式不定，教师根据各组成果表现给出项目评价	4	1. 专业文化展示中心 2. 互联网及相关图书资料 3. 多媒体教室
2	项目二 机车车辆认知	**知识：** 了解机车、车辆的发展概况及基本结构 **技能：** 能区分不同类型的机车、车辆；能简单介绍各种机车、车辆的功能及结构特点 **素质：** 培养学生对行业的兴趣，激发学生学习热情	认知机车和车辆	1. 学生查询相关资料结合自身体验，搜集各类机车、车辆的结构图片、相关数据 2. 小组间相互协商，每组选定 1 种机车或车辆向全体同学作介绍，形式不限，教师根据各组成果及成员表现给出项目评价	4	1. 互联网及相关图书资料 2. 多媒体教室
3	项目三 线路结构认知	**知识：** 了解铁路工程路基、轨道、桥梁、涵洞、隧道等工程结构组成 **技能：** 能简要描述铁路工程路基、轨道、桥梁、涵洞、隧道等工程结构特点及作用 **素质：** 培养学生观察能力、动手能力及团队协作能力	认知铁路线路结构	1. 组织学生参观轨道结构实体或模型，各小组制作轨道结构模型 2. 组织学生参观桥梁、涵洞、隧道结构实体、模型或影像资料，各小组制作桥涵、隧道、路基结构模型 3. 各小组展示自己的模型作品，并对作品介绍，每组出一评委进行评分，教师总结点评，选择优秀作品公开展出	8	1. 专业实训室 2. 仿真基地

续上表

序号	项　目	能 力 要 求	工 作 过 程	教学过程设计	参考学时	教 学 资 源
4	项目四 信号通信认知	**知识**： 了解信号设备的种类及作用，了解通信方式 **技能**： 能简要介绍某种信号设备或通信设备的应用情况 **素质**： 培养学生观察能力、动手能力及团队协作能力	认知铁路信号通信	1. 参观轨道交通实训室信号、通信设备，收集资料详细了解其作用 2. 各组用角色扮演法展示某信号设备或通信设备的应用	4	1. 互联网及相关图书资料 2. 多媒体教室
5	项目五 牵引供电认知	**知识**： 了解电气化铁路牵引供电系统组成及作用 **技能**： 能简要描述电气化铁路送电过程 **素质**： 培养学生观察能力、动手能力及团队协作能力	认知铁路牵引供电	1. 通过参观供电设备实物或相关影像资料了解牵引供电设备 2. 分组收集相关图文资料，开展知识竞赛	4	1. 互联网及相关图书资料 2. 多媒体教室
6	项目六 车站及运输组织认知	**知识**： 了解铁路客货运输组织及行车组织方式 **技能**： 能简要描述铁路客货运输组织及行车组织过程 **素质**： 培养学生观察能力、动手能力及团队协作能力	认知车站及运输组织	1. 查阅资料，结合亲身体验绘制一座车站结构图 2. 各小组设置场景，用角色扮演法展示运输组织过程	4	1. 专业实训室 2. 专业资源中心图文
机动					4	
合计					32	

应注重学生动手能力和实践中分析问题、解决问题能力的考核,对在学习和应用上有创新的学生应予特别鼓励,全面综合评价学生能力。

(四)课程资源的开发与利用

注重课程资源向多种媒体转变;教学活动从信息的单向传递向双向交换转变;学生单独学习向合作学习转变。

产学合作开发实验实训课程资源,充分利用本行业典型的生产企业资源,进行产学合作,建立实习实训基地,满足学生的实习实训,同时为学生的就业创造机会。

建立本专业开放实训中心,使之具备现场教学、实验实训、职业技能证书考证的功能,实现教学与实训合一、教学与培训合一、教学与考证合一,满足学生综合职业能力培养的要求。

(五)其他说明

本课程标准适用于新疆交通职业技术学院铁道工程技术专业。

课程 2　力学与结构

课程名称:力学与结构
课程性质:专业基础课
建议学时:136 学时(理论 120 学时、实践 16 学时)
适用专业:铁道工程技术

一、前言

(一)课程定位

力学与结构是铁道工程技术专业的一门专业基础课程。本课程上部分为力学部分,在专业中无先修课程。下部分为结构部分,在整个专业课程体系中起着承上启下的作用。本课程的后续课程是铁路桥涵施工与维护。

(二)教学设计思路

以铁道工程技术专业学生的就业为导向,根据行业专家对铁道工程技术专业所涵盖的岗位群典型工作任务和职业能力分析,以理论知识必需、够用为原则,以学生为主体,强化课程的针对性和实用性,培养学生分析工程实际问题和解决问题的能力。

本课程分为两部分:一是力学部分;二是结构部分。在力学部分,以力学在结构中的地位及作用为主线,介绍力学的基本知识,工程中常见受弯构件、受压构件的力学特性计算,通过第一部分的学习,使学生理解力学在结构中的重要作用并能掌握基本的计算方法。结构部分主要以工程中最常用的钢筋混凝土结构为主要对象,讲授结构的承载力计算及复核,结构设计的要求及原则,同时,对预应力混凝土结构的原理及预应力的获得方法也做了详细讲解。通过第二部分的学习,使学生初步掌握工程结构的设计原则及方法。

本课程以课堂讲授为主,辅以多媒体教学、现场参观实习等教学方式,增加学生的感性认识、提高学习效果;同时贯彻丰富的教学方法,逐步培养学生的自主学习能力。

二、课程目标

(一)知识目标

(1)力学的基本概念、公理及在工程中的应用。
(2)绘制工程杆件的轴力图,剪力图和弯矩图。
(3)利用强度条件解决工程中的强度校核、截面选择及荷载确定问题。
(4)结构设计的基本原理及方法。

(5)钢筋混凝土受弯构件承载力计算方法。

(6)受压构件承载力计算方法。

(7)预应力结构的基本概念及获得预应力的方法。

(二)技能目标

(1)能够运用力学基本知识,通过观察和比较、分析和综合、对杆件强度、刚度和稳定性问题做出正确判断的能力。

(2)能够正确绘制简支梁、刚架的内力图。

(3)能够将钢筋混凝土结构的设计要求在工程中正确应用,并能检查出不符合要求的构件。

(三)素质目标

通过本课程的学习,能提高学生自主学习能力、勤奋学习的精神,交流合作能力、组织协调能力,培养树立吃苦耐劳、勤奋工作的意识以及诚实、守信的优秀品质,具备吃苦耐劳、团结协作、勇于创新的精神。

三、课程内容与要求(表2-2)

四、实施建议

(一)教材选用和编写建议

1. 教材选用

本课程目前的主教材暂使用由孔七一主编的《工程力学》《应用力学》交通土建高职高专统编教材,人民交通出版社出版;以及由孙元桃主编的《结构设计原理》交通土建高职高专统编教材,人民交通出版社出版。

2. 教材编写原则与要求

(1)教材应充分体现力学在工程中有重要应用这一设计思想,让学生在学习力学与结构过程中逐步提高职业能力。

(2)教材应将本工程中涉及的力学知识,分解成若干典型的工作任务,按任务驱动型教学方法,结合理论知识来解决工程问题。

(3)教材应做到习题多一些,讲解过程详细一些,必须精炼、准确、科学、实用。多引入工程中的问题让学生去解决,使教材(讲义)更贴近本专业的发展和实际需要。

3. 教学参考资料使用建议

(1)公路桥涵设计通用规范(JTG D60—2015),人民交通出版社股份有限公司。

(2)公路钢筋混凝土及预应力混凝土桥涵设计规范(JTG D62—2004),人民交通出版社。

(二)教学建议

1. 对教师的建议

教师必须对所讲内容有准确清晰的认识,同时应当具有一定的教学经验。建议教师应经常相互交流与探讨,使课程更具趣味性和实用性。

力学与结构课程内容与要求

表 2-2

序号	项 目	能 力 要 求	工 作 过 程	教学过程设计	参考学时	教 学 资 源
1	项目一 轴向拉压杆件力学分析	**知识：** 1. 静力学基本知识 2. 平面力系的合成与平衡 3. 能计算轴向拉伸与压缩时各截面轴力 4. 能计算各正截面应力 5. 强度条件及其应用 **技能：** 1. 能进行平面力系的合成与平衡 2. 正确绘制轴向拉伸与压缩时的内力图 3. 能利用强度条件解决工程中的强度校核、截面选择及荷载确定问题 **素质：** 培养认真的学习态度和严谨的工作态度	1. 平面力系的合成与平衡 2. 绘制轴向拉伸与压缩时的内力图 3. 利用强度条件解决工程中的强度校核、截面选择及荷载确定问题	1. 教师提供资料 2. 学生根据资料自行选择解题方法 3. 分组教学，5 人/组，共同探讨自己所选的解题方法，最终确定本组解题思路 4. 按每组讨论的方法解题 5. 小组互换审查其他组题目 6. 小组汇报，教师评价	34	1. 互联网及相关图书资料 2. 多媒体教室
2	项目二 剪切杆件力学分析	**知识：** 1. 剪切实用计算 2. 挤压实用计算 **技能：** 1. 能够进行剪切强度校核 2. 能够进行挤压强度校核 **素质：** 培养认真的学习态度和严谨的工作态度	1. 剪切强度校核 2. 挤压强度校核	1. 教师提供资料 2. 学生根据资料自行选择解题方法 3. 分组教学，5 人/组，共同探讨自己所选的解题方法，最终确定本组解题思路 4. 按每组讨论的方法解题 5. 小组互换审查其他组题目 6. 小组汇报，教师评价	6	1. 互联网及相关图书资料 2. 多媒体教室
3	项目三 扭转杆件力学分析	**知识：** 1. 扭转受力特点和变形特点 2. 扭矩的计算 3. 扭转强度计算 4. 圆轴扭转变形和刚度计算 **技能：** 1. 能描述扭转受力特点和变形特点 2. 能绘制扭矩图 3. 能进行扭转强度计算 4. 能进行圆轴扭转变形和刚度计算 **素质：** 培养认真的学习态度和严谨的工作态度	1. 扭矩图的绘制 2. 扭转强度计算 3. 圆轴扭转变形和刚度计算	1. 教师提供资料 2. 学生根据资料自行选择解题方法 3. 分组教学，5 人/组，共同探讨自己所选的解题方法，最终确定本组解题思路 4. 按每组讨论的方法解题 5. 小组互换审查其他组题目 6. 小组汇报，教师评价	8	1. 互联网及相关图书资料 2. 多媒体教室

续上表

序号	项　目	能 力 要 求	工 作 过 程	教学过程设计	参考学时	教 学 资 源
4	项目四 弯曲杆件 力学分析	**知识：** 1. 梁弯曲时的内力计算 2. 梁弯曲时的应力计算 3. 弯曲时的强度条件及其应用 **技能：** 1. 能正确绘制剪力图和弯矩图 2. 能计算各正截面应力及剪应力 3. 能利用强度条件解决工程中的强度校核、截面选择及荷载确定问题 **素质：** 培养认真的学习态度及解决实际问题的能力	1. 绘制剪力图和弯矩图 2. 利用强度条件解决工程中的强度校核、截面选择及荷载确定问题	1. 教师提供资料 2. 学生根据资料自行选择解题方法 3. 分组教学，5 人/组，共同探讨自己所选的解题方法，最终确定本组解题思路 4. 按每组讨论的方法解题 5. 小组互换审查其他组题目 6. 小组汇报，教师评价	26	1. 互联网及相关图书资料 2. 多媒体教室
5	项目五 压杆稳定性分析	**知识：** 1. 压杆稳定的概念 2. 临界力的欧拉公式 3. 压杆的稳定计算 **技能：** 1. 能理解压杆稳定的概念 2. 会应用临界力的欧拉公式计算临界力 3. 能进行压杆稳定计算 **素质：** 培养认真的学习态度及解决实际问题的能力	1. 压杆稳定概念 2. 临界力的计算 3. 压杆稳定计算	1. 教师提供资料 2. 学生根据资料自行选择解题方法 3. 分组教学，5 人/组，共同探讨自己所选的解题方法，最终确定本组解题思路 4. 按每组讨论的方法解题 5. 小组互换审查其他组题目 6. 小组汇报，教师评价	6	1. 互联网及相关图书资料 2. 多媒体教室
6	项目六 钢筋混凝土 构件分析	**知识：** 1. 钢筋混凝土结构的优点和缺点 2. 钢筋混凝土结构的组成材料 3. 钢筋与混凝土之间的黏结 4. 钢筋混凝土受弯构件的构造要求 5. 受弯构件正截面受力过程及破坏特征 6. 三种截面的受弯构件计算 7. 普通箍筋柱承载力计算 8. 受弯构件正截面受力过程及破坏特征 9. 轴心受压构件承载力的计算	1. 说出工程各类结构的优缺点及其应用 2. 钢筋混凝土中两种结构的工程性能 3. 钢筋混凝土结构的工作机理 4. 钢筋混凝土受弯构件的构造要求	1. 教师提供资料 2. 学生根据资料自行选择解题方法 3. 分组教学，5 人/组，共同探讨自己所选的解题方法，最终确定本组解题思路	34	1. 互联网及相关图书资料 2. 多媒体教室

续上表

序号	项　目	能 力 要 求	工 作 过 程	教学过程设计	参考学时	教 学 资 源
6	项目六 钢筋混凝土构件分析	**技能：** 1. 能说出工程各类结构的优缺点及其应用 2. 掌握钢筋混凝土中两种结构的工程性能 3. 理解钢筋混凝土结构的工作机理 4. 熟悉钢筋混凝土受弯构件的构造要求 5. 能利用受弯构件正截面受力过程及破坏特征解释工程中的现象 6. 掌握单筋矩形截面、双筋矩形截面、单筋T形截面承载力的计算公式及其应用 7. 钢筋混凝土受弯构件裂缝宽度计算 8. 能说出受弯构件正截面受力过程及破坏特征 9. 能进行受弯构件普通箍筋柱和螺旋箍筋柱承载力的计算 **素质：** 培养认真的学习态度及解决实际问题的能力，培养严谨的工作态度	5. 用受弯构件正截面受力过程及破坏特征解释工程中的现象 6. 掌握单筋矩形截面、双筋矩形截面、单筋T形截面承载力的计算公式及其应用 7. 受弯构件正截面受力过程及破坏特征 8. 轴心受压构件承载力的计算	4. 按每组讨论的方法解题 5. 小组互换审查其他组题目 6. 小组汇报，教师评价	34	1. 互联网及相关图书资料 2. 多媒体教室
7	项目七 预应力混凝土结构分析	**知识：** 1. 预应力的基本原理 2. 获得预应力的方法和手段 3. 预应力的计算与预应力损失的估算 **技能：** 1. 能掌握预应力结构的优点和缺点 2. 熟悉先张法和后张法获得预应力的过程及控制要点 3. 掌握预应力材料的要求 4. 了解预应力计算方法及损失的影响因素 **素质：** 培养认真的学习态度及解决实际问题的能力，培养严谨的工作态度	1. 预应力混凝土的基本原理 2. 说出预应力结构的优点和缺点 3. 张法和后张法获得预应力的过程及控制要点 4. 预应力材料的要求 5. 预应力计算方法及损失的影响因素	1. 教师提供资料 2. 学生根据资料自行选择解题方法 3. 分组教学，5 人/组，共同探讨自己所选的解题方法，最终确定本组解题思路 4. 按每组讨论的方法解题 5. 小组互换审查其他组题目 6. 小组汇报，教师评价	8	1. 互联网及相关图书资料 2. 多媒体教室

续上表

序号	项　目	能力要求	工作过程	教学过程设计	参考学时	教学资源
8	项目八 圬工结构分析	**知识：** 1. 圬工结构的材料 2. 圬工砌体的种类及主要力学性能 3. 圬工结构承载力计算 **技能：** 1. 能描述圬工结构的材料特点及结构特点 2. 能描述圬工结构的施工过程及注意事项 3. 能进行圬工结构的承载力计算 **素质：** 培养认真的学习态度及解决实际问题的能力，培养严谨的工作态度	1. 描述圬工结构的材料特点及结构特点 2. 描述圬工结构的施工过程及注意事项 3. 圬工结构的承载力计算	1. 教师提供资料 2. 学生根据资料自行选择解题方法 3. 分组教学，5 人/组，共同探讨自己所选的解题方法，最终确定本组解题思路 4. 按每组讨论的方法解题 5. 小组互换审查其他组题目 6. 小组汇报，教师评价	8	1. 互联网及相关图书资料 2. 多媒体教室
机动					6	
合计					136	

同时,教师要善于学习并掌握工作过程课程设计理念和基于行动导向的教学模式;应当认真学习并掌握多种先进教学方法,并应当积极在课堂实践先进的教学方法。教师还应当具有良好的职业道德和责任心。

2. 教学组织设计的建议

本课程理论课较多,所以要将课堂教学形式进行改革,课堂教学采用传统板书与多媒体课件、力学模型相结合的方法,讲透重点,以点带面,切实做到少而精,概念和原理融会贯通,较好地发挥现代化教学手段的优势。

利用多媒体课件生动再现工程实例及工程中构件的受力与变形,通过动画演示和力学模型使课堂教学形象生动,同时达到启发式教学效果,调动学生学习的积极性,做到教学内容、教学方法及教学手段的有机结合。

对学生进行分组,小组讨论,同学之间、师生之间相互交流讨论,有助于让学生更好地掌握所学内容,激发学生的学习兴趣。

(三)教学考核评价建议

评价是教学过程中必不可少的环节,是教师了解教学过程,调控教学行为的重要手段。教学评价的目的在于了解学生的学习状况、发现教学中的缺陷,为改进教学提供依据。

建议本课程考核采用:平时成绩(20%)+项目汇报(20%)+过程性考核(30%)+笔试成绩(30%)=总成绩(100%)的考核方式。

(1)平时表现为考勤,要求对学生的作业做统一规范的要求,教师对学生每次的作业情况有评价、有记录,作为平时成绩考核指标之一。

(2)项目汇报是看学生的课程反应能力。

(3)过程性考核,看学生对每个项目的掌握程度。

(4)卷面考试采用教考分离,统一阅卷。使学生的卷面成绩能正确反映学生对知识的掌握程度,做到考核公平。

(四)课程资源的开发与利用

课程资源是决定课程目标是否有效达成的重要因素。课程资源应该具备开放性特点,适应于学生的自主学习、主动探究。

1. 大力开发和充分利用课程资源

必须大力开发建设与课程相关的教学设计、教学课件、教学视频等教学资源。

2. 进一步加强信息技术资源开发

完善课程资源,加强工程结构用软件开发设计,开发网络课程,进一步丰富课程信息技术资源,使之更加适合学生的自主学习。

(五)其他说明

本课程标准适用于新疆交通职业技术学院铁道工程技术专业。

课程3 工程图绘制与识读

课程名称:工程图绘制与识读
课程性质:专业基础课
建议学时:72 学时
适用专业:铁道工程技术、城市轨道交通工程技术

一、前言

(一)课程定位

学生通过学习本课程,掌握正投影法的基本原理及其应用,掌握绘制和识读工程图样的能力,具备空间想象和思维能力,具有绘制和阅读中等复杂程度工程图样的能力。

(二)教学设计思路

(1)由学校专任教师、行业和企业专家合作选择课程内容。

(2)变学科型课程体系为任务引领型课程体系,紧紧围绕完成工作任务的需要来选择课程内容。

(3)变知识学科本位为职业能力本位,从"任务与职业能力"分析出发,设定课程能力培养目标。

(4)变书本知识的传授为动手能力的培养,以"工作项目"为主线,创设工作情境,培养学生的实践动手能力。

(5)构建模块化课程内容。本课程以铁道工程技术类专业学生的就业为导向,根据行业专家对铁道工程技术类专业所涵盖的岗位群进行任务和职业能力分析,同时遵循高等职业院校学生的认知规律,确定本课程的工作模块和课程内容。

本课程安排在第一学年进行,建议学时为 72 学时。

二、课程目标

(一)知识目标

(1)掌握正投影法的基本原理及其应用。

(2)能熟练查阅常用手册、国家标准等。

(3)具备绘制和阅读中等复杂程度工程图样的能力。

(4)所绘图样能够做到投影正确,视图选择和配置恰当,尺寸完整、清晰、字体工整、线型标准,符合国家标准的规定,并能按给定的要求标注表面结构和公差与配合。

(5)具备对三维形状与相关位置的空间逻辑和形象思维能力。

（二）技能目标

（1）能识读常用材料图例、地貌、地物图例。

（2）能够查阅和运用国家道路工程制图标准。

（3）能运用尺规作图方法解决空间度量问题和定位问题。

（三）素质目标

培养谦虚、严谨的工作作风。

三、课程内容与要求（表 2-3）

四、实施建议

（一）教材选用和编写建议

1. 教材选用

教材应充分体现任务引领、实践导向课程的思想，应将本专业职业活动，分解成若干典型的工作项目，按完成工作项目的需要和岗位操作规程，组织并选取教材内容。

2. 教材编写原则与要求

要通过自行绘制工程图、阅读工程图、工地现场参观工程构造物并运用所学知识与工程图对比分析，引入必需的理论知识，增加实践操作内容，强调理论在实践过程中的应用。

教材应图文并茂，提高学生的学习兴趣，加深学生对路桥工程图的认识和理解。教材表达必须精炼、准确、科学。

3. 教材、教学参考资料使用建议

教材内容应体现先进性、通用性、实用性，要将本专业新技术及时地纳入教材，使教材更贴近本专业的发展和实际需要。

参考教材：《道路工程制图》刘松雪、樊琳娟主编，《道路工程制图习题集》曹雪梅、樊琳娟主编，人民交通出版社出版。

（二）教学建议

在教学过程中，应立足于加强学生实际操作能力的培养，采用项目教学，以工作任务引领提高学生学习兴趣，激发学生的成就动机。

本课程教学的关键是“教学做一体化”，在教学过程中，教师示范和学生分组讨论、训练互动，学生提问与教师解答、指导有机结合，让学生在“教”与“学”的过程中，会绘制和阅读工程图。

在教学过程中，要创设工作情境，同时应加大实践实操的容量，要紧密结合工程图样的实际应用，加强识图和绘图的训练，在实践实操过程中提高学生的岗位适应能力。

在教学过程中，要应用多媒体、投影等教学资源辅助教学，帮助学生熟悉工地现场的工程构造物构造特点及图示特点。

在教学过程中，要重视本专业领域新技术的发展趋势，贴近工地现场。为学生提供职业生涯发展的空间，努力培养学生参与社会实践的创新精神和职业能力。

工程图绘制与识读课程内容与要求

表 2-3

序号	项目	能力要求	工作过程	教学过程设计	参考学时	教学资源
1	项目一 工程制图的认识与应用	**知识：** 知道绘图工具及其使用方法，了解绘图标准 **技能：** 掌握平面图尺寸标注 **素质：** 培养认真的学习态度和严谨的工作态度	1. 认识绘图工具	学习绘图工具的使用方法	6	设备：绘图工具、纸、习题册
			2. 了解绘图标准	了解工程图绘制标准		
2	项目二 投影的基本知识	**知识：** 学习和掌握投影的基本概念、类型、形成原理 **技能：** 绘制投影图 **素质：** 培养认真的学习态度和严谨的工作态度	1. 投影的基本知识	1. 掌握投影的基本概念 2. 投影的类型	4	设备：绘图工具、纸、习题册
			2. 三面投影体系	1. 三面投影图的形成原理 2. 三面投影图的绘制		
3	项目三 点、线、面的三面投影	**知识：** 学习和掌握点、线、面的三面投影图的绘制 **技能：** 绘制点、线、面的三面投影 **素质：** 培养认真的学习态度和严谨的工作态度	1. 点的三面投影	1. 点的三面投影的形成 2. 空间中三种点的三面投影的绘制 3. 空间中两点的相对位置的判断	20	设备：绘图工具、纸、习题册
			2. 直线的三面投影	1. 直线的三面投影的形成 2. 空间中三种直线的三面投影的绘制 3. 空间中两直线的相对位置关系的判定		
			3. 平面的三面投影	1. 平面的三面投影的形成 2. 空间中三种平面的三面投影的绘制 3. 平面上的点和直线的三面投影的绘制 4. 直线与平面的关系的判定		
4	项目四 立体的三面投影	**知识：** 学习和掌握立体的三面投影的绘制，立体表面的点和直线的投影的绘制 **技能：** 绘制立体的三面投影图 **素质：** 培养认真的学习态度和严谨的工作态度	1. 平面立体的三面投影	1. 平面立体的三面投影的绘制 2. 平面立体表面的点和直线的三面投影的绘制	12	设备：绘图工具、纸、习题册
			2. 曲面立体的三面投影	1. 曲面立体的三面投影的绘制 2. 曲面立体表面的点和直线的三面投影的绘制		

续上表

序号	项目	能力要求	工作过程	教学过程设计	参考学时	教学资源
5	项目五 组合体的三面投影	**知识**： 学习和掌握组合体三面投影的绘制 **技能**： 绘制组合体三面投影图 **素质**： 培养认真的学习态度和严谨的工作态度	1. 组合体的投影图的绘制	1. 组合体的类型 2. 组合体投影图的绘制	6	设备：绘图工具、纸、习题册
			2. 组合体的投影图的识读	1. 组合体投影图的尺寸标注 2. 组合体投影图的识读		
6	项目六 剖面图和断面图	**知识**： 学习和掌握剖面图和断面图的绘制 **技能**： 绘制剖面图和断面图 **素质**： 培养认真的学习态度和严谨的工作态度	1. 剖面图	1. 剖面图的形成 2. 剖面图的绘制方法 3. 剖面图的类型	4	设备：绘图工具、纸、习题册
			2. 断面图	1. 断面图的形成 2. 断面图的绘制方法 3. 断面图的类型		
7	项目七 轴测投影图的绘制	**知识**： 学习和掌握轴测投影图的绘制 **技能**： 绘制轴测投影图 **素质**： 培养认真的学习态度和严谨的工作态度	1. 正等轴测投影图	1. 正等轴测投影的形成 2. 正等轴测投影图的绘制	4	设备：绘图工具、纸、习题册
			2. 斜二测轴测投影图	1. 斜二测轴测投影图的形成 2. 斜二测轴测投影图的绘制		
8	项目八 工程图识读	**知识**： 能够理解和掌握线路各组成部分的基本概念、结构组成 **技能**： 能够识读线路各组成部分的工程图纸 **素质**： 培养认真的学习态度和严谨的工作态度	1. 轨道线路图	1. 线路图的形成 2. 线路图的识读	10	设备：多媒体设备、绘图工具、纸、习题册
			2. 桥梁工程图	1. 桥梁工程图的形成 2. 桥梁工程图的识读		
			3. 涵洞工程图	1. 涵洞工程图的形成 2. 涵洞工程图的识读		
			4. 隧道工程图	1. 隧道工程图的形成 2. 隧道工程图的识读		
机动					4～6	
合计					72	

教学过程中教师应积极引导学生提升职业素养，提高职业道德。

（三）教学考核评价建议

改革传统的学生评价手段和方法，采用阶段评价、过程性评价与目标评价相结合，理论与实践一体化的评价模式。

关注评价的多元性，结合课堂提问、平时作业、大作业实训、技能竞赛及考试情况，综合评价学生成绩。

应注重学生动手能力和实践中分析问题、解决问题能力的考核，对在学习和应用上有创新的学生应予特别鼓励，全面综合评价学生能力。

本课程的总评成绩 = 平时成绩（30%）+ 大作业成绩（50%）+ 期末考试成绩（20%）。

（四）课程资源的开发与利用

注重课程资源向多种媒体转变；教学活动从信息的单向传递向双向交换转变；学生单独学习向合作学习转变。

产学合作开发实验实训课程资源，充分利用本行业典型的生产企业的资源，进行产学合作，建立实习实训基地，实践“工学”交替，满足学生的实习实训，同时为学生的就业创造机会。

建立本专业开放实训中心，使之具备现场教学、实验实训、职业技能证书考证的功能，实现教学与实训合一、教学与培训合一、教学与考证合一，满足学生综合职业能力培养的要求。

（五）其他说明

本课程标准适用于新疆交通职业技术学院铁道工程技术专业。

课程4　测量仪器使用与数据处理

课程名称：测量仪器使用与数据处理
课程性质：专业基础课
建议学时：72学时（理论36学时、实践36学时）
适用专业：铁道工程技术

一、前言

（一）课程定位

测量仪器使用与数据处理是铁道工程技术专业的一门专业基础课程，具有较强的实践性，课程教学目标是在掌握铁道工程测量技术的基本知识、基本理论和基本方法基础上，力求科学地反映当前施工测量的新理论与新方法，培养学生解决铁道工程测量相关问题的能力，促进学生处理实际工程施工测量问题能力的提高。

（二）教学设计思路

测量仪器使用与数据处理课程的总体设计思路是：打破传统的文化基础课、专业基础课、专业课的三段式课程设置模式，紧紧围绕完成工作任务的需要来选择课程内容；变知识学科本位为职业能力本位，打破传统的以"了解"、"掌握"为特征设定的学科型课程目标，从"任务与职业能力"分析出发，设定职业能力培养目标；变书本知识的传授为动手能力的培养，打破传统的知识传授方式，以"工作技能"为主线，创设工作情境，结合职业技能证书考证，培养学生的实践动手能力。

本课程标准以学生的就业为导向，根据行业专家对岗位群进行的任务和职业能力分析，同时遵循高等职业院校学生的认知规律，紧密结合职业资格证书中相关考核要求，确定本课程的工作模块和课程内容。为了充分体现任务引领、实践导向课程思想，本课程按照铁道工程测量技术的基本技能按模块划分为测量的基本知识、地形图的应用、现代测绘技术及测绘仪器、施工测量技术。整个课程内容的知识介绍以够用为度，操作技能力求熟练。

二、课程目标

（一）总体目标

本课程通过项目化教学，掌握铁道工程测量的相关理论知识，对铁路施工及养护各阶段的测量技能有一个基本掌握，能够运用测量仪器承担铁路施工及养护过程中的高程测量、角度测量、施工放样、变形观测等工作任务。同时培养学生严谨的态度和吃苦耐劳、团结协作的职业素质。

（二）具体目标

1. 知识目标

（1）了解常规测量仪器原理。

（2）掌握一般测量仪器的检验方法。

（3）理解高程测量原理。

（4）理解角度测量原理。

（5）理解距离丈量原理。

（6）掌握直线定线方法。

（7）掌握桥涵施工放样方法。

（8）掌握各种测量数据的使用与处理。

2. 技能目标

（1）能正确使用常规测量仪器。

（2）能对测量仪器进行一般性的检验。

（3）能进行高程测量。

（4）能进行角度测量。

（5）能进行距离丈量。

（6）能进行直线定向。

（7）能进行路基、路面施工放样。

（8）能进行桥涵施工放样。

（9）能进行沉降变形观测。

3. 素质目标

通过本课程的学习，能提高学生自主学习能力、勤奋学习的精神，交流合作能力、组织协调能力、严谨思维与工作习惯，培养树立吃苦耐劳、勤奋工作的意识以及诚实、守信的优秀品质，具备团结协作、勇于创新的精神。

三、课程内容与要求（表2-4）

四、实施建议

（一）教材选用和编写建议

1. 教材选用

王劲松编，《轨道工程测量》，人民交通出版社，2013年出版。

2. 教材编写原则与要求

主要针对上述四大项目进行理论讲解、任务要求下达、组织实施及工单制定，将几大项目做成统一的标准、组织实施。

3. 教学参考资料使用建议

教学过程中可以参考同类课程精品课程网站、教学资源库等相关网络资源。

测量仪器使用与数据处理课程内容与要求

表 2-4

序号	项　目	能 力 要 求	工 作 过 程	教学活动设计	参考学时	教 学 资 源
1	项目一 高程测量	**知识：** 1. 了解各类水准仪的构造 2. 熟悉各类水准仪的检验内容 3. 熟悉水准测量原理 4. 掌握水准测量成果的处理 5. 掌握沉降变形观测内容 **技能：** 1. 能对水准仪进行检验 2. 能对水准测量成果进行处理 3. 能用水准仪对路基、路面进行高程测量 4. 能用水准仪对桥涵结构物进行高程测量 5. 能用水准仪对路基、路面及桥涵结构物进行沉降变形观测 **素质：** 培养好的学习态度、与组员进行很好的语言沟通，遵守测量设备管理规定	闭合水准路线测量	1. 水准测量的原理 2. DS3 水准仪的构造 3. 闭合水准测量的实施 4. 闭合水准测量的成果检核	8	一体化教室，水准仪、脚架等工程测量专用工具及通用测量仪器设备，工程测量规范，校内实训基地
			附合水准路线测量	1. 自动安平水准仪的构造及使用 2. 附和水准测量的实施 3. 附和水准测量的成果检核 4. 水准仪的检验矫正	8	
			支水准路线测量	1. 电子水准仪的构造及使用 2. 支水准测量的实施 3. 支水准测量的成果检核 4. 水准测量的误差来源 5. 沉降变形观测	10	
2	项目二 角度测量	**知识：** 1. 了解经纬仪及全站仪的构造 2. 熟悉经纬仪及全站仪的检验内容 3. 了解水平角、竖直角的定义 4. 熟悉角度测量原理 5. 熟悉竖直角观测过程 6. 掌握测回法观测水平角的过程 **技能：** 1. 能对经纬仪及全站仪进行检验 2. 能用经纬仪、全站仪进行竖直角测量 3. 能用经纬仪、全站仪进行水平角测量 **素质：** 培养一定的人际沟通能力及精益求精的工作态度	经纬仪角度测量	1. 水平角、竖直角的定义 2. 角度测量原理 3. 经纬仪的构造 4. 经纬仪测回法观测水平角 5. 经纬仪观测竖直角	8	一体化教室，教学课件、教学视频，校内实训基地，全站仪、GPS 等工程测量专用工具及通用测量仪器设备，工程测量规范
			全站仪角度测量	1. 全站仪的构造及基本功能 2. 全站仪测绘法观测水平角 3. 全站仪观测竖直角	2	
			直线定向	1. 直线定向的意义、目的 2. 坐标方位角的概念 3. 坐标方位角的计算 4. 罗盘仪观测磁方位角	2	

续上表

序号	项目	能力要求	工作过程	教学活动设计	参考学时	教学资源
3	项目三 距离测量	**知识：** 1. 熟悉距离测量的方法 2. 掌握卷尺量距的过程 3. 掌握卷尺量距精度计算方法 4. 了解视距测量原理、步骤 5. 熟悉电磁波测距过程 **技能：** 1. 能用钢尺进行距离丈量 2. 能用经纬仪进行视距测量 3. 能用全站仪进行距离测量 **素质：** 培养良好的团队合作能力	钢尺丈量	1. 直线定向的意义、目的 2. 钢尺距离丈量 3. 计算相对误差	4	一体化教室，教学课件、教学视频，经纬仪、全站仪等工程测量专用工具及通用测量仪器设备，工程测量规范，校内实训基地
			光电导线测量	1. 全站仪距离测量 2. 全站仪距离测量精度评定 3. 全站仪常数测定	4	
			视距测量	1. 视距测量的原理 2. 视距测量的实施	4	
4	项目四 施工放样	**知识：** 1. 熟悉施工放样的基本方法 2. 掌握圆曲线详细测设的过程 3. 掌握带缓和曲线的平曲线的详细测设过程 4. 熟悉路基边桩、边坡放样的内容 5. 熟悉桥涵结构物轴线放样的方法 6. 熟悉坐标放样的过程 **技能：** 1. 能进行圆曲线的主点测设 2. 能用切线支距法、偏角法、极坐标法进行圆曲线的详细测设 3. 能进行带缓和曲线的平曲线的主点测设 4. 能用偏角法、极坐标法进行带缓和曲线的平曲线的详细测设 5. 能对路基边桩、边坡进行放样 6. 能进行桥涵结构物的轴线放样 7. 会用坐标法进行施工放样 **素质：** 培养一定的人际沟通能力及精益求精的工作态度	公路中线放样	1. 全站仪放样点、线、面 2. 圆曲线主点及详细测设 3. 缓和曲线主点及详细测设 4. 路线中、基平测量	10	一体化教室，校内实训基地，全站仪等工程测量专用工具及通用测量仪器设备，教学课件、教学视频，工程测量规范
			路基、边坡放样	1. 路基组成形式 2. 路基边坡放样 3. 路拱放样	4	
			桥涵结构物轴线放样	1. 桥梁主轴线放样 2. 涵洞主轴线放样	4	
机动					4	
合计					72	

（二）教学建议

班级分组学生不宜过多，5～6 人一组，分工明确，严格按照任务执行，注意过程资料的收集工作。

（三）教学考核评价建议

（1）改革传统的学生评价手段和方法，采用阶段评价、过程性评价与目标评价相结合、项目评价、理论与实践一体化评价模式。

（2）关注评价的多元性，结合课堂提问、学生作业、平时测验、实验实训、技能竞赛及考试情况，综合评价学生成绩。

（四）课程资源的开发与利用

（1）充分利用学校的课程资源库、专业教学软件等。

（2）利用校外资源网络、媒体、国内国际前沿知识扩展学生的视野。

（五）其他说明

本课程标准适用于新疆交通职业技术学院铁道工程技术专业。

课程 5 工程材料应用

课程名称:工程材料应用

课程性质:专业基础课

建议学时:72 学时

适用专业:铁道工程技术

一、前言

(一)课程定位

本课程是铁道工程技术专业的一门应用性与操作性均很强的实践性专业基础课程,在铁道工程技术专业人才培养中起到了支撑和核心作用。通过任务引领型的项目活动,掌握铁道工程材料检测的技能和相关理论知识,对各类材料的制作工艺流程有一个基本了解,能够运用国家现行试验规范、规程、标准,承担各类工程的材料质量鉴定与常用混合材料组成设计等工作任务。为学生继续学习铁路桥涵施工与维护、铁路轨道施工与维护、铁路路基施工与维护等专业课程打下基础。同时养成诚实、守信、善于沟通和合作的良好品质,为发展职业能力奠定良好的基础。

(二)教学设计思路

工程材料应用是高职高专铁道工程技术专业大部分学生就业后从事的主要工作岗位必须掌握的专业技能。本课程的作用是培养学生能够熟练完成原材料的检测、混合料的配合比设计、混合料的质量控制的能力。这些都是试验检测岗位最为重要的基本能力。

本课程立足于实际能力的培养,因此对课程内容的选择标准做了根本性改革,打破以知识传授为主要特征的传统学科课程模式,转变为以工作任务为中心组织课程内容和课程教学,让学生在完成具体项目的过程中构建相关理论知识,并发展职业能力。经过行业、企业专家深入、细致、系统的分析,本课程最终确定了以下工作任务:砂石材料检测、胶凝材料检测、复合材料检测等几个学习项目。这些项目主要突出对学生职业能力的训练,其理论知识的选取紧紧围绕工作任务完成的需要来进行,同时又充分考虑了高等职业教育对理论知识学习的需要,融合了相关职业资格证书对知识、技能和素质的要求。例如:材料试验检测员考试内容包含了“原材料的抽样”“原材料常规技术性质检测”“检测结果评价”“混合料质量抽样”“混合料常规技术性质检测”“检测结果评价”等知识。但在实际工程中,由于新疆地理位置的特殊性,路基材料应完成易溶盐的检测分析,作为试验检测员更应该懂得如何为所服务项目选定合适的工程材料等。所以,本课程在选定内容时更多地考虑了服务区域经济,以满足不同的工程要求。需要说明的是,上述工作任务不是每个工程项目都需要的,而是根据不同的工程项目选择相应的工作任务。因此,在实际工作中,要结合实际项目设计方案,选择合适的材料非常的重要。总之，通过以上课程内容的训练学习和证书考试，以工作任务为中心，将不同类型的知识综合起来，实现理论与实践的一体化，有利于培养学生的综合应用知识和技能，以便有效地完成试验检测岗位相应的工作任务。

课程在设置过程中紧紧围绕以学生的就业为导向，根据行业专家对铁道工程技术专业所涵盖的岗位群进行的任务和职业能力分析，以完成工作任务的需要来选择课程内容，设定职业能力培养目标；以“工作项目”为主线，创设工作情境；变学科型课程体系为任务引领型课程体系，紧紧围绕完成工作任务的需要来选择课程内容。变知识学科本位为职业能力本位，从“任务与职业能力”分析出发，设定课程能力培养目标。变书本知识的传授为动手能力的培养，以“工作项目”为主线，创设工作情境，结合职业技能证书考证，强化学生实践动手能力的培养，以实现职业能力的培养目标。为了充分体现任务引领、实践导向课程思想，本课程按照铁道与桥涵施工中材料应用的工作任务进行课程内容选取。由教师讲授为主变为“学生为主体，专业活动为导向”，构建模块化课程内容。

二、课程目标

通过任务引领型的项目活动，了解和掌握铁道工程所用材料试验检测方面的理论知识、实验操作技能，具备分析判断能力，内容包括，砂石材料检测技术、胶凝材料检测技术、复合材料检测技术等方面的知识，掌握工程材料应用方面的基本原理、方法，能够熟练完成实际操作。对各类材料的制作工艺流程有一个基本了解，能够承担各类工程的材料选择与鉴定等工作任务。同时养成诚实、守信、善于沟通和合作的良好品质，为发展职业能力奠定良好的基础。

(一)知识目标

(1)能够陈述原材料的抽样方法。

(2)能够准确地说出混合料的组成材料。

(3)能够准确地说出混合料中原材料的检测项目。

(4)能够准确地说出原材料检测的设备仪器的名称、操作方法。

(5)能够熟练陈述原材料的检测项目、适用范围、相关的质量控制要点。

(6)能够陈述原材料的储存方法等。

(7)能准确陈述混合料配合比设计的基本原理。

(8)能熟练陈述混合料质量控制的原则与方法。

(二)技能目标

(1)能描述建设项目材料的分类。

(2)能进行试验数据的分析与处理。

(3)能根据施工技术规范编制建设项目的试验计划。

(4)能根据施工技术规范进行组成混合料的原材料质量鉴定。

(5)能根据施工技术规范进行施工项目中混合料的组成设计。

(6)能对混合料的质量进行控制。

(三)素质目标

具备吃苦耐劳、团结协作、勇于创新的精神。

三、课程内容与要求(表2-5)

具体见表2-5。

表2-5

工程材料应用课程内容与要求

序号	项目	能力要求	工作过程	教学过程设计	教学组织方法及形式	参考学时	教学资源
1	项目一 砂石材料	**知识：** 理解和掌握砂石材料及混凝土技术性质和技术要求 **技能：** 1. 掌握砂石材料组成材料检测方法 2. 掌握砂石材料组成材料的质量评定 **素质：** 培养团队精神，敬岗、爱岗、诚信的品质，严谨的工作态度和勇于创新的精神	1. 查阅规范，确定试验项目	确定试验项目	1. 团队合作商讨，每团队6人 2. 师生交流、互动	2	施工规范、试验规程
			2. 编制试验计划	1. 查阅试验规程，编制试验计划 2. 讨论试验计划，老师评价		2	
			3. 查阅试验规程，确定试验方法	确定试验方法、合格指标值		2	
			4. 砂石材料检测	1. 集料筛分试验 2. 集料密度试验 3. 集料空隙率试验 4. 石料抗压强度	1. 每6人为一团队，一套试验仪器 2. 教师利用信息技术引导，学生动手试验 3. 师生相互总结	18	电脑、投影、规程规范和试验仪器
			5. 质量评价	砂石材料质量鉴定		2	
2	项目二 胶凝材料	**知识：** 理解和掌握胶凝材料性质和技术要求 **技能：** 1. 掌握胶凝材料检测方法 2. 掌握胶凝材料的质量评定 **素质：** 培养团队精神，敬岗、爱岗、诚信的品质，严谨的工作态度和勇于创新的精神	1. 查阅规范，确定试验项目	查阅规范，确定试验项目	1. 团队合作商讨，每一团队6人 2. 师生交流、互动	2	施工规范、试验规程
			2. 编制试验计划	1. 查阅试验规程，编制试验计划 2. 讨论试验计划，老师评价		2	
			3. 查阅试验规程，确定试验方法	确定试验方法、合格指标值		2	
			4. 胶凝材料试验	1. 无机胶凝材料试验 2. 有机胶凝材料试验	1. 每6人为一团队，一套试验仪器 2. 教师利用信息技术引导，学生动手试验 3. 师生相互总结	12	电脑、投影、规程规范和试验仪器
			5. 胶凝材料的质量评定	评定胶凝材料质量	1. 团队合作商讨，每一团队6人 2. 师生交流、互动	2	规范、试验报告册

续上表

序号	项　目	能 力 要 求	工 作 过 程	教学过程设计	教学组织方法及形式	参考学时	教 学 资 源
3	项目三 复合材料	**知识：** 理解和掌握复合材料性质和技术要求 **技能：** 1. 掌握复合材料检测方法 2. 掌握复合材料的配合比设计 3. 掌握复合材料的质量评定 **素质：** 培养团队精神，敬岗、爱岗、诚信的品质，严谨的工作态度和勇于创新的精神	1. 查阅规范	确定计算步骤	1. 教师指导每 6 人为一团队 2. 教师利用信息技术引导，学生动手计算 3. 师生相互总结	2	电脑、投影、规程规范和试验仪器
			2. 明确计算方法	1. 计算混凝土配合比 2. 计算沥青混合料配合比		6	
			3. 配合比验证	1. 验证混凝土配合比 2. 验证沥青混合料配合比		4	
			4. 编制试验计划	1. 查阅试验规程，编制试验计划 2. 讨论试验计划，老师评价		2	
			5. 查阅试验规程，确定试验方法	确定试验方法、合格指标值	1. 团队合作商讨，每一团队 6 人 2. 师生交流、互动	2	
			6. 复合材料试验	1. 水泥混凝土试验 2. 沥青混合料试验	1. 每 6 人为一团队，一套试验仪器 2. 教师利用信息技术引导，学生动手试验 3. 师生相互总结	6	
			7. 复合材料的质量评定	评定复合材料质量	1. 团队合作商讨，每一团队 6 人 2. 师生交流、互动	2	
机动						2	
合计						72	

四、实施建议

(一)教材选用和编写建议

1. 教材选用

本课程主教材暂使用中国铁道出版社出版的由梁学忠主编的《工程材料》。

实践部分的训练暂用高秀梅主编的《公路工程材料检测技术实习指导书》、《公路工程材料检测技术试验报告册》。

主要参考书及参考资料:

(1)严家伋,道路建筑材料,人民交通出版社,1996 年出版。

(2)姜志青,道路建筑材料,人民交通出版社,2006 年出版。

2. 教材编写原则与要求

(1)教材应充分体现任务引领、实践导向课程的设计思想。

(2)教材应将本专业职业活动,分解成若干典型的工作任务,按完成工作任务的需要和岗位操作规程,结合职业技能证书考证组织教材内容。

(3)要通过自行编制的任务指导书、观看混合料组成设计录像、工地现场参观并运用所学知识进行评价,引入必须的理论知识,增加实践实操内容,强调理论在实践过程中的应用。

(4)教材应图文并茂,提高学生的学习兴趣,加深学生对铁道工程施工的认识和理解。教材表达必须精炼、准确、科学。

(5)教材内容只编入有关知识与理论。所有试验全部速印相应的试验规程。做到教材实用、通用而不落后。要将本专业新技术、新工艺、新材料以讲座的方式进行教学。

(6)教学内容模块由以下三块组成(表 2-6)。

教 学 内 容 模 块 表 2-6

知 识 模 块	能 力 模 块	扩 展 模 块
水泥、砂石、土、沥青材料常规检测,由专职教师课堂讲授	以水泥混凝土、沥青混合料、稳定类材料配合比设计及土的工程分类为任务,结合实例由专兼职教师在课堂和校内实训基地完成	以改性沥青质量检测和 SMA 沥青混合料配合比设计为任务,结合实例由专兼职教师在课堂、校内和校外实训基地共同完成

3. 教学参考资料使用建议

教学参考资料建议使用《铁路工程土工试验规程》《铁路工程岩石试验规程》《铁路工程结构混凝土强度检测规程》等。

(二)教学建议

(1)在教学过程中,应立足于加强学生实际操作能力的培养,采用任务引领式教学,以工作任务引领提高学生学习兴趣,激发学生的成就动机。

(2)本课程教学的关键是“教、学、做一体化”、“知识、理论和实践一体化”,在教学过程中,教师示范和学生分组讨论、训练互动,学生提问与教师解答、指导有机结合,让学生在“教”、“学”、“做”的过程中,学会进行常用原材料及混合材料检测、常用混合材料组成设计。

(3)在教学过程中,要创设工作情境,同时加大实践实操的容量,要紧密结合职业技能证书的考证，加强考证的实操项目的训练，在实践实操过程中提高学生的岗位适应能力。要注意培养学生的协作能力、自我学习及自我工作能力。

(4)在教学过程中，要用多媒体、投影等教学资源辅助教学，帮助学生熟悉工地现场的施工过程及控制要点。

(5)在教学过程中，要重视本专业领域新技术、新工艺、新材料的发展趋势，贴近工地现场。为学生提供职业生涯发展的空间，努力培养学生参与社会实践的创新精神和职业能力。

(6)教学过程中教师应积极引导学生提升职业素养，提高职业道德。

(三)教学考核评价建议

(1)改革传统的学生评价手段和方法，采用阶段评价、过程性评价与目标评价相结合。完成每个教学情境的任务后，要进行学生自我评价、组内互评和教师评价，评价内容包括实验实训成果、相互协作、自我学习、动手能力和实践中分析问题、解决问题能力等项目，以评价结果作为该教学情境的考核分数。

(2)平时成绩结合课堂提问、平时测验、学生作业、技能竞赛及考试情况。

(3)对在学习和应用上有创新的学生应予特别鼓励，全面综合评价学生能力。

(4)本课程的总评成绩 = 平时成绩 + 团队协作 + 完成教学情境工作任务平均成绩 + 期末考试成绩。其中，平时成绩占 10%、团队协作占 20%、完成教学情境工作任务平均成绩占 30%、期末考试成绩占 40%。

(四)课程资源的开发与利用

(1)注重课程资源和现代化教学资源的开发和利用，这些资源有利于创设形象生动的工作情境，激发学生的学习兴趣，促进学生对知识的理解和掌握。同时，建立多媒体课程资源的数据库，努力实现跨学校多媒体资源的共享，以提高课程资源利用效率。

(2)积极开发和利用网络课程资源，充分利用诸如电子书籍、电子期刊、数据库、数字图书馆、教育网站和电子论坛等网上信息资源，使教学从单一媒体向多种媒体转变；教学活动从信息的单向传递向双向交换转变；学生单独学习向合作学习转变。

(3)产学合作开发实验实训课程资源，充分利用本行业典型的生产企业的资源，进行产学合作，建立实习实训基地，实践“工学”交替，满足学生的实习实训，同时为学生的就业创造机会。

(4)建立本专业开放实训中心，使之具备现场教学、实验实训、职业技能证书考证的功能，实现教学与实训合一、教学与培训合一、教学与考证合一，满足学生综合职业能力培养的要求。

(五)其他说明

(1)鉴于高职生源的多样性，在实施中要编好班组，宜于取长补短，共同提高。

(2)指导教师在进行试验时要适时提供相关资料的索引，让学生自己去查阅，确保按时完成任务。

(3)实训中要突出规范遵循，力求实训过程完整、清晰。

(4)本课程标准主要适用于新疆交通职业技术学院铁道工程技术专业。

课程6　岩土工程基础

课程名称:岩土工程基础
课程性质:专业基础课
建议学时:72 学时
适用专业:铁道工程技术

一、前言

(一)课程定位

本课程是铁道工程技术专业的一门专业基础课程,其任务是使学生具备从事铁道工程技术应用性专门人才所必需的地质基本知识和技能,能应用工程岩土学的基本规律、基本知识,能辨认基本的地质构造和地质灾害现象,进行一般的工程地质问题分析并提出处理措施。培养阅读和使用工程地质勘查资料的能力,能阅读一般地质资料,把学到的地质及工程地质学知识和其他课程知识紧密结合起来,进行实际工程的设计与施工。

本课程以高中物理、高中地理等课程为基础。后续课程有铁路路基施工与维护、铁路桥涵施工与维护、铁路隧道施工与维护等。

(二)教学设计思路

本课程的总体设计思路是:以工作过程为导向,以职业能力为核心,充分体现工学结合的特点,以铁道工程地质勘查的工作任务为载体实施课程整体设计。

在课程内容设计上,以铁道工程地质勘查的基本流程和基本工艺为主线,遵照学生认知特点,将课程学习内容划分为四个教学项目,根据项目具体情况,每个项目划分为不同的工作任务,通过完成每个工作任务以达到学习目标。

二、课程目标

(一)知识目标

(1)理解地球圈层构造及地质作用的内涵。
(2)掌握主要造岩矿物及常见三大岩类的特征。
(3)掌握地质构造类型及地质图的识读方法。
(4)理解和掌握土、岩石、岩体的工程性质。
(5)掌握活断层、地震和砂土液化的概念。
(6)掌握斜坡破坏方式及稳定性评价方法。
(7)理解地下洞围岩压力计算。

(8)理解场地渗透变形可能性判断。

(9)掌握岩溶及泥石流形成条件。

(10)掌握工程地质勘查方法及铁路桥梁工程地质勘查报告的编制方法。

(二)技能目标

(1)能正确解释岩石风化作用及土的形成。

(2)能正确鉴别常见矿物及三大岩类。

(3)能使用地质罗盘仪确定岩层产状,能正确识读地质图。

(4)能对土、岩石、岩体进行工程分类及岩体稳定性评价。

(5)能识别活断层并对地震液化可能性进行判别。

(6)能对斜坡稳定性进行稳定性评价并提出防治措施。

(7)能对地下洞室围岩进行稳定性评价并提出防治措施。

(8)能对场地渗透变形可能性进行评价并提出防治措施。

(9)能对岩溶、泥石流场地进行评价并提出防治措施。

(10)能识读并编制铁路桥梁工程地质勘查报告。

(三)素质目标

(1)培养学生团结协作、吃苦耐劳、诚信为本的能力。

(2)培养学生严谨的工作态度和信息收集、处理的能力。

(3)培养学生自学和独立思考、综合分析问题和解决问题的能力。

三、课程内容与要求(表2-7)

四、实施建议

(一)教材选用和编写建议

1. 教材选用

本课程教材采用中国铁道出版社出版、许兆义主编的《工程地质基础》(第二版),2011年5月出版。

实践部分的训练采用自编实训教材《工程地质室内实验指导书》。

2. 教材编写原则与要求

(1)目前采用的中国铁道出版社出版的《工程地质基础》(第二版)教材,基本满足使用要求。

(2)目前使用教材内容可以根据学生具体情况做适当选择。

3. 教学参考资料使用建议

由于工程施工技术规范及标准会不断更新,新材料、新工艺、新技术、新设备的使用也在不断探索,所以在选择参考资料时,应注意采用新标准的参考资料。

主要参考书及参考资料:

(1)《铁路工程地质勘察规范》(TB 10012—2007),中国铁道出版社。

(2)《铁路工程特殊岩土勘察规程》(TB 10038—2012),中国铁道出版社。

(3)《铁路工程不良地质勘察规范》(TB 10027—2012),中国铁道出版社。

岩土工程基础课程内容与要求

表 2-7

序号	项目	能力要求	工作过程	教学活动设计	参考学时	教学资源
1	项目一 地质基础认知	**知识：** 1. 理解地球圈层构造及地质作用的内涵 2. 掌握主要造岩矿物及常见三大岩类的特征 3. 掌握地质构造类型及地质图的识读方法 **技能：** 1. 能正确解释岩石风化作用及土的形成 2. 能正确鉴别常见矿物及三大岩类 3. 能使用地质罗盘仪确定岩层产状，能正确识读地质图 **素质：** 培养团队精神，敬岗、爱岗、诚信的品质，严谨的工作态度	1. 认识地质作用	1. 认识地球圈层的构造，分组制作地球圈层构造模型 2. 观看 BBC 视频《地球的力量——地球的诞生、火山》，进而直观认识内力地质作用，分组谈观后感 3. 观看 BBC 视频《地球的力量——空气、水、冰川》，进一步认识外力地质作用，分组谈观后感 4. 制作卡片，演示土的形成过程 5. 小组汇报，老师点评	4	电脑、投影、《地球的力量》视频资料、PPT 图片资料、简单模型制作材料
			2. 鉴别常见矿物及三大岩类	1. 学习工程地质室内实验指导书 2. 分组对矿物标本外观进行观察、记录，使用简单的工具确定矿物的一般物理性质，肉眼鉴别主要造岩矿物，分组完成造岩矿物标本肉眼鉴定实习报告 3. 分组观察岩石标本，根据矿物成分、结构和构造，对岩石标本进行肉眼鉴定，并分组完成岩浆岩、沉积岩、变质岩标本肉眼鉴定实习报告	8	电脑、投影、PPT 图片、工程地质室内实验指导书、地质模型室（矿物和岩石标本）
			3. 识读地质图	1. 从恐龙谈起，认识《地质年代表》，分组进行地质年代口诀记忆比赛 2. 分组观察地质构造模型，识别不同地质构造 3. 分组练习使用地质罗盘仪测定岩层产状 4. 识读地质图，分组完成阅读地质图作业	10	电脑、投影、PPT 图片、工程地质室内实验指导书、地质模型室（地质构造模型、地质罗盘仪、地质图）

续上表

序号	项　目	能 力 要 求	工 作 过 程	教学活动设计	参考学时	教 学 资 源
2	项目二 岩土工程 性质认知	**知识：** 理解和掌握土、岩石、岩体的工程性质 **技能：** 能对土、岩石、岩体进行工程分类及岩体稳定性评价 **素质：** 培养团队精神，敬岗、爱岗、诚信的品质，严谨的工作态度	1. 认识岩土中的水	1. 利用乒乓球、玻璃球认识岩土孔隙性 2. 认识地下水埋藏类型（地质模型）	2	电脑、投影、PPT图片、地质模型室（地质构造模型）
			2. 认识土的工程性质	1. 利用乒乓球、玻璃球、黄豆、绿豆、大米、小米、面粉认识土的粒径，理解粒径级配曲线 2. 分组推导土的物理性质指标的换算公式 3. 分组讨论土的塑性指数和液性指数的物理意义，老师点评 4. 讨论比萨斜塔成因，认识土的压缩性，认识土的力学性质 5. 给定试验数据，分组对土进行工程分类	10	电脑、投影、PPT图片、规范、实验报告册
			3. 认识岩石的工程性质	1. 复习土的水理性质，讨论岩石的水理性质与土的水理性质之间的关系 2. 视频教学，岩石的单轴抗压强度及点荷载试验 3. 给定试验数据，分组对岩石进行工程分类	4	电脑、投影、规范；实验报告册
			4. 认识岩体的工程性质	1. 分组讨论岩石与岩体的区别，老师点评 2. 讨论洞室围岩顶部岩体形状及产状对洞室稳定性的影响，老师点评 3. 给定资料，分组对岩体进行工程分类	4	电脑、投影、规范、实验报告册

续上表

序号	项　目	能 力 要 求	工 作 过 程	教学活动设计	参考学时	教 学 资 源
3	项目三 工程地质 问题认知	**知识：** 1. 掌握活断层、地震和砂土液化的概念 2. 掌握斜坡破坏方式及稳定性评价方法 3. 理解地下洞围岩压力计算 4. 掌握岩溶形成条件 **技能：** 1. 能识别活断层并对地震液化可能性进行判别 2. 能对斜坡稳定性进行稳定性评价并提出防治措施 3. 能对地下洞室围岩进行稳定性评价并提出防治措施 4. 能对岩溶场地进行评价并提出防治措施 **素质：** 培养团队精神，敬岗、爱岗、诚信的品质，严谨的工作态度	1. 判别区域稳定性	1. 分组讨论活断层的识别与标志，老师点评 2. 讨论震级和烈度的区别和联系，老师点评 3. 判别区域地震液化可能性，小组汇报，老师点评	6	电脑、投影、PPT 图片、规范；工程资料
			2. 评价斜坡稳定性	1. 观看斜坡破坏视频及图片，讨论总结斜坡破坏类型及特征 2. 复习静力平衡条件，推导斜坡平衡计算公式，利用极限平衡法评价斜坡稳定性 3. 给定资料数据，评价斜坡的稳定性，小组汇报，老师点评	6	电脑、投影、PPT 图片、规范、工程资料
			3. 评价地下洞室围岩稳定性	1. 借助 PPT 图片，分组讨论洞室围岩变形破坏方式，老师点评 2. 给定资料，分组进行洞室围岩稳定性评价，老师点评	4	电脑、投影、PPT 图片、规范、工程资料
			4. 认识岩溶	1. 分组谈论“我国著名的卡斯特地貌旅游景区”，认识岩溶地貌 2. 分组讨论岩溶工程地质问题及解决措施，老师点评	2	电脑、投影、PPT 图片
4	项目四 工程地质 勘察认知	**知识：** 掌握工程地质勘察方法及铁路桥梁工程地质勘察报告的编制方法 **技能：** 能识读并编制铁路桥梁工程地质勘察报告 **素质：** 培养团队精神，敬岗、爱岗、诚信的品质，严谨的工作态度	1. 识读铁路桥梁工程地质勘察报告	给定资料，识读铁路桥梁工程地质勘察报告	6	工程地质勘察报告资料
			2. 编制铁路桥梁工程地质勘察报告	给定资料，编制 1 份铁路桥梁工程地质勘察报告	4	工程地质勘察原始资料
机动					2	
合计					72	

(4)《岩土工程勘察规范》(GB 50021—2001),中国建筑工业出版社。

(5)《城市轨道交通岩土工程勘察规范》(GB 50307—2012),中国计划出版社。

(6)《岩土工程学报》,中国水利学会、中国土木工程学会、中国力学学会、中国建筑学会、中国水力发电工程学会主办。

(7)《工程地质学报》,中国科学院地质与地球物理研究所主办。

(二)教学建议

为保证课程标准的实施,教师应深入领会课程的基本理念,开拓思路,创新方法,以育人为本,全面实现课程目标。教学中应注意如下一些问题。

(1)教学条件。充分利用学院交通实训中心路基实训工程室进行校内实践教学活动设计与教学。

(2)运用现代教育技术手段。应用多媒体、视频等教学资源辅助教学,有利于学生理解教学内容。

(3)教学方法。教学过程中应注意充分调动学生的主动性和积极性,避免"满堂灌"的传统教学方法,注重"教"与"学"的互动。可以对学生进行分组,每组 6 ~ 7 人,各组任命 1 名学生作为辅教,以小组为单位参加课堂及实践教学环节,考核成绩与小组的综合评定成绩相关。

老师从知识传授者的角色转为学生学习过程的组织者、咨询者和指导者,使教学过程向学生自觉学习过程转化。每项工作任务完成后,各小组提交一份成果报告。

(4)引导学生提升职业素养,提高职业道德,形成较好的安全意识、合作意识、创新精神。

(三)教学考核评价建议

1. 评价方式

本课程采用考核评价和过程评价相结合的方式,对学生的知识与技能掌握程度、知识运用能力、团结协作和语言表达等社会能力以及在实训过程中表现出来的个人素质进行综合评价。

2. 教学评价

课程教学评价,突出过程评价,结合课堂提问、实训活动、阶段测试、测验等手段,加强实践性教学环节的考核。评价时注重学生动手能力和分析、解决问题的能力,对在学习和应用上有创新的学生应在评定时给予鼓励。

本课程的总评成绩 = 平时成绩 + 团队协作 + 实验总评 + 期末考试成绩。其中,平时成绩占 10%、团队协作占 20%、实验总评占 30%、期末考试成绩占 40%。

(四)课程资源的开发与利用

(1)建立多媒体课程资源的数据库,实现多媒体资源的共享,以提高课程资源利用效率。

(2)开发并应用幻灯片、视频、Flash 动画、网络课件、微课程等教学资源,调动学生学习积极性、主动性及创造性。

(3)模拟真实场景,开发基于生产任务的校内实训项目,提升学生职业能力。

(五)其他说明

(1)本课程标准适用于新疆交通职业技术学院铁道工程技术专业。

(2)鉴于新疆高职生源的特点,在课程实施中要编好班组,宜于取长补短,共同提高。

(3)在教学时要适时提供相关资料的索引,让学生自己去查阅,充分调动学生自主学习的积极性。

第三部分

专业核心课程标准

课程 7　铁路桥涵施工与维护

课程名称:铁路桥涵施工与维护
课程性质:专业核心课
建议学时:108 学时
适用专业:铁道工程技术

一、前言

(一)课程定位

本课程是高职高专铁道工程技术专业的核心课程之一,其重点目标在于培养学生在以后工程建设中,具备从事相关铁路桥涵工程施工、检测加固处理等基本职业技能,同时培养学生在工作中精益求精、吃苦耐劳、团结协作的职业素质。本课程的基础课程为工程图绘制与识读、测量仪器使用与数据处理、力学与结构、工程材料应用等。

(二)教学设计思路

本课程的总体设计思路是:以市场需求为导向,以职业能力为核心,校企共同进行课程建设和课程教学;以学生为主体,以职业能力培养为主线;加强与行业企业的深入合作,教学过程以铁路桥涵工程施工、检测加固处理过程为主线,以桥涵施工项目(步骤、部位、施工图)、检测加固过程为载体,设计若干教学情境并且反复训练(不同模块,相同步骤、逐步提高),按照职业岗位和职业能力培养的要求,将学生职业能力培养的基本规律与课程系统化融合,实施“教、学、做”一体化的训练法,让学生在完成实际工作任务的过程中发展职业能力、构建知识体系、培养职业素养,系统培养学生的专业能力、方法能力和社会能力,形成以工作过程为导向,以学生为中心、教师引导、理论—实践—应用一体化的工学结合教学模式。

在课程内容设计上,邀请行业企业专家对课程所涉及的职业能力进行分析,并以此为依据确定本课程的课程模块、工作任务和课程内容。根据工程建设中所涉及的桥梁工程施工、检测加固处理等相关知识和技能要求,设计针对性的模块,再将每个模块细化,划分为若干个学习任务。

在课程教学方法和教学手段设计上,更新教学方法和手段,引入案例教学法、模块教学法,将“桥涵工程施工、检测加固处理”的知识点和操作技能要点穿插到各个教学模块中进行学习,通过多媒体课件的演示补充,增强课堂教学效果;利用各类桥涵施工图,“桥梁模型制作室”、“桥梁检测室”以及校内外桥涵实训基地,紧密结合桥梁施工的程序、技术难点、重点施工步骤进行模拟教学,并让学生在完成针对性的模块过程中,学会完成相应工作任务,根据高职学生的认知规律和知识基础，进行理实一体化教学，并以此锻炼学生解决实际问题的能力。

在教学效果考核上，采取过程评价与结果评价相结合的方式，重点考核学生的综合职业能力。

二、课程目标

通过针对性模块课程，利用一体化教学环境及校内外实训基地，重点培养学生具备铁路桥涵工程施工、检测加固处理等方面的专业技术能力；使本专业学生可以成为承担桥涵施工、检测、加固处理以及管理一线生产任务的工程技术人员，并为顶岗能力的持续发展打下良好基础。

(一)知识目标

(1)掌握与桥梁工程有关的基本概念，掌握不同类型桥涵的构造。

(2)熟悉桥涵的施工准备工作内容、施工设备、桥梁常用测量放样方法。

(3)掌握桥梁扩大基础、桩基础施工、沉井基础方法，掌握桥梁砌体工程的施工方法，熟悉其他类型基础施工要点。

(4)掌握梁式桥的施工方法和拱桥施工工艺方法，了解其他类型桥梁的施工要点。

(5)了解桥涵检测与加固维修的基本知识。

(6)了解桥梁工程中的新结构、新方法、新工艺。

(7)了解桥梁施工事故保护与安全防范措施。

(二)技能目标

(1)能说明铁路中小桥梁和涵洞的结构形式和构造。

(2)能运用有关设计规范、手册和标准图进行铁路、公路中小桥梁和涵洞的设计并计算工程数量。

(3)能进行施工图纸会审。

(4)能选择合理的桥涵上部结构各组成部分的施工方法。

(5)能进行桥梁各种施工机械的选用。

(6)能编制各种铁路桥涵施工方案。

(7)能叙述桥涵上部结构各组成部分的主要施工工艺流程。

(8)能说明桥涵上部结构各组成部分施工过程中的要点并进行控制。

(三)素质目标

(1)培养学生团队合作精神。

(2)培养学生严谨的工作态度和信息收集、处理的能力。

(3)培养学生自学和独立思考、综合分析问题和解决问题的能力。

(4)培养学生在现有知识及技能的基础上不断开拓、创新的能力。

(5)增强学生自我保护意识，树立警钟长鸣、按章作业的安全和质量意识，培养学生对突发事件的应急处理能力。

三、课程内容与要求(表3-1)

具体见表3-1。

表 3-1

铁路桥涵施工与维护课程内容与要求

序号	项　目	能 力 要 求	工 作 过 程	教学过程设计	参考学时	教 学 资 源
1	项目一 概述	**知识：** 掌握桥梁的类型及其结构 **技能：** 能说明桥梁的类型及其结构 **素质：** 培养认真的学习态度	1. 桥梁发展过程的认知	参观桥梁模型室	6	1. 设备：电脑、投影仪 2. 资源库：教学资源库、桥模室
			2. 城市高架桥的基本构成及常用结构形式认知	1. 分组制作世界名桥介绍 PPT 2. 小组汇报，老师点评		
			3. 桥梁的平面布置图、立面图的识读	识读桥梁的平面布置图、立面图		
			4. 铁路桥梁的设计作用、公路桥梁的设计作用的认知	分组制作并讨论铁路桥梁的设计作用、公路桥梁的设计作用 PPT		
2	项目二 桥梁上部 结构构造	**知识：** 掌握桥梁上部结构构造构造 **技能：** 能说明桥梁的基本构成及常用结构型式 **素质：** 培养认真的学习态度	1 各种板梁、T 梁和箱梁的构造组成及每一组成部分的作用的认知	1. 分组制作各种板梁、T 梁和箱梁的构造组成 PPT 并讲解，老师点评 2. 现场参观各种板梁、T 梁和箱梁并写参观实习报告	4	1. 设备：电脑、投影仪 2. 资源库：教学资源库
			2. 各种板梁、T 梁和箱梁主要尺寸的拟定方法的认知	分组拟定桥梁中各种板梁、T 梁和箱梁主要尺寸		
			3. 钢筋混凝土板梁和 T 梁的配筋构造的认知	识读钢筋混凝土桥梁的施工图	6	
			4. 预应力混凝土板梁、T 梁和箱梁的配筋构造的认知	识读预应力混凝土板梁、T 梁和箱梁的施工图		
			5. 肋拱（钢筋混凝土肋拱和钢管混凝土肋拱）和箱拱的构造组成的认知	1. 分组制作肋拱（钢筋混凝土肋拱和钢管混凝土肋拱）和箱拱的构造组成 PPT 并讲解，老师点评 2. 现场参观肋拱（钢筋混凝土肋拱和钢管混凝土肋拱）和箱拱	2	

续上表

序号	项目	能力要求	工作过程	教学过程设计	参考学时	教学资源
2	项目二 桥梁上部结构构造	**知识：** 掌握桥梁上部结构构造构造 **技能：** 能说明桥梁的基本构成及常用结构型式 **素质：** 培养认真的学习态度	6. 门式刚构桥的构造组成和配筋构造，了解连续刚构桥的构造组成和配筋构造的认知	1. 分组制作门式刚构桥的的构造组成 PPT 并讲解，老师点评 2. 现场参观门式刚构桥的	2	1. 设备：电脑、投影仪 2. 资源库：教学资源库
			7、斜拉桥的构造组成，悬索桥的构造组成的认知	1. 分组制作斜拉桥的构造组成 PPT 并讲解，老师点评 2. 分组制作悬索桥的构造组成 PPT 并讲解，老师点评	2	
3	项目三 桥梁下部结构构造	**知识：** 掌握桥梁下部结构构造的类型及其结构 **技能：** 能说明桥梁下部结构构造 **素质：** 培养认真的学习态度	1. 扩大基础、桩基础和沉井基础的构造组成的认知	分组制作扩大基础、桩基础和沉井基础的构造组成 PPT 并讲解，老师点评	6	1. 设备：电脑、投影仪 2. 资源库：教学资源库
			2. 重力式墩台的构造组成的认知	分组制作重力式墩台的构造组成 PPT 并讲解，老师点评		
			3. 薄壁墩的构造组成的认知	分组制作薄壁墩的构造组成 PPT 并讲解，老师点评		
4	项目四 桥梁的施工设备	**知识：** 掌握桥梁的施工设备种类、构造 **技能：** 能根据实际情况选择施工设备及机械 **素质：** 培养认真的学习态度	1. 贝雷梁、万能杆件、钢管脚手架的构造、适用条件的认知	分组制作桥梁的施工设备 PPT 并讲解，老师点评	2	1. 设备：电脑、投影仪 2. 资源库：教学资源库
			2. 混凝土搅拌设备、混凝土运输设备、混凝土泵送设备适用条件的认知	参观实训基地混凝土搅拌设备、预应力设备等	2	
			3. 应力锚固体系、预应力千斤顶构造、特点、施工要点的认知	给一个工程案例，要求学生正确选择施工设备	2	
			4. 卷扬机、龙门架、架桥机与造桥机构造及适用条件的认知			

续上表

<table>
<tr><th>序号</th><th>项　目</th><th>能 力 要 求</th><th>工 作 过 程</th><th>教学过程设计</th><th>参考学时</th><th>教 学 资 源</th></tr>
<tr><td rowspan="3">5</td><td rowspan="3">项目五
桥梁基础施工</td><td rowspan="3">知识：
掌握桥梁施工工艺与施工要点
技能：
能够进行不同基础类型施工方案的编制
素质：
培养认真的学习态度</td><td>1. 明挖扩大基础施工工艺与施工要点的认知</td><td>分组制作城市高架桥基础类型构造PPT并讲解，老师点评</td><td>2</td><td rowspan="3">1. 设备：电脑、投影仪
2. 资源库：教学资源库</td></tr>
<tr><td>2. 沉井基础的施工工艺与施工要点的认知</td><td>参观扩大基础、桩基础实训基地</td><td>2</td></tr>
<tr><td>3. 桩基础施工工艺与施工要点的认知</td><td>编扩大基础施工方案、桩基础施工方案</td><td>4</td></tr>
<tr><td rowspan="3">6</td><td rowspan="3">项目六
桥梁墩台施工</td><td rowspan="3">知识：
掌桥梁桥墩台施工工艺与施工要点
技能：
能够进行桥梁墩台施工方案的编制
素质：
培养认真的学习态度</td><td>1. 重力式墩台施工（浇筑或砌筑）的方法和过程的认知</td><td>分组制作城市高架高架桥墩台类型构造PPT并讲解，老师点评</td><td>2</td><td rowspan="3">1. 设备：电脑、投影仪
2. 资源库：教学资源库</td></tr>
<tr><td>2.（桩）柱式墩台施工的方法和过程的认知</td><td>参观实训基地桥墩台</td><td>2</td></tr>
<tr><td>3. 高墩（薄壁空心墩）的施工方法和设备工作原理的认知</td><td>编制（桩）柱式墩台施工方案</td><td>2</td></tr>
<tr><td rowspan="4">7</td><td rowspan="4">项目七
梁桥上部
结构施工</td><td rowspan="4">知识：
掌握梁桥上部结构的施工方法和施工工艺
技能：
能够进行不同类型梁桥上部结构施工方案的编制
素质：
培养认真的学习态度</td><td>1. 上部结构支架法现浇的施工方法、工艺流程、技术指标和质量控制</td><td rowspan="3">分组制作桥梁上部结构施工方法PPT并讲解老师点评</td><td>2</td><td rowspan="4">1. 设备：电脑、投影仪
2. 资源库：教学资源库</td></tr>
<tr><td>2. 钢筋混凝土板梁预制工艺</td><td>4</td></tr>
<tr><td>3. 先张法预应力混凝土板梁施工工艺</td><td>4</td></tr>
<tr><td>4. 后张法预应力混凝土板梁施工工艺</td><td>参观实训基地预应力梁桥</td><td>4</td></tr>
</table>

续上表

序号	项　目	能 力 要 求	工 作 过 程	教学过程设计	参考学时	教 学 资 源
7	项目七 梁桥上部结构施工	**知识：** 掌握梁桥上部结构的施工方法和施工工艺 **技能：** 能够进行不同类型梁桥上部结构施工方案的编制 **素质：** 培养认真的学习态度	5. 上部结构构件安装方法及安全技术	参观实训基地预应力梁桥	4	1. 设备：电脑、投影仪 2. 资源库：教学资源库
			6. 预应力混凝土连续梁桥逐孔架设法施工工艺和要求		4	
			7. 预应力混凝土连续梁顶推法施工工艺和要求	编制后张法简支板桥施工方案的编制、编制逐孔施工简支梁桥施工方案	4	
			8. 预应力混凝土连续梁桥移动模架法施工工艺和要求		4	
			9. 悬臂施工的工艺原理、过程及施工设备的组成和设备工作原理		6	
8	项目八 涵洞构造与施工	**知识：** 掌握涵洞构造与施工工艺 **技能：** 能进行不同类型涵洞施工方案的编制 **素质：** 培养认真的学习态度	1. 认知涵洞构造与施工工艺	分组制作涵洞构造与施工工艺 PPT 并讲解，老师点评	4	1. 设备：电脑、投影仪 2. 资源库：教学资源库
			2. 编制不同类型涵洞施工方案	1. 参观实训基地涵洞 2. 编制圆管涵、盖板涵施工方案	4	
9	项目九 桥梁检测及加固处理	**知识：** 掌握不同桥梁检测及加固处理方法工艺 **技能：** 能进行基本的桥梁检测及加固处理 **素质：** 培养认真的学习态度	1. 认知桥梁动静态检测仪、混凝土超声波仪检测方法	实训检测基地实际进行混凝土超声波检测及报告的填写	4	1. 设备：电脑、投影仪、超声波检测仪 2. 资源库：教学资源库
			2. 认知挠度检测、裂缝检测、沉降检测方法	实训检测基地实际挠度检测、裂缝检测、沉降检测及报告的填写	4	
			3. 桥梁加固处理、报告编写	实训基地参观桥梁加固处理及报告编写	4	
机动					4	
合计					108	

四、实施建议

(一)教材选用和编写建议

1. 教材选用

本课程主教材使用中国铁道出版社出版的由罗建华、付润生主编的《桥梁施工技术》。该教材经过使用和修订再版,已成为一本工学结合、任务驱动的优秀高职高专统编教材和桥涵施工专业技术人员的参考书。

2. 教材编写原则与要求

目前该课程没有实训教材,建议依据课程标准,以充分体现模块课程设计思想,编写符合基于工作过程、融入铁路桥涵施工及检测加固处理的工学结合实训教材。

(1)教材应充分体现任务引领、模块导向、基于工作过程的设计思路。

(2)教材应根据本标准制定的教学目标,按完成工作任务的生产过程,结合职业技能鉴定要求组织教材内容。

(3)教材内容应贴近本专业的发展和实际需要。

3. 教材、教学参考资料使用建议

由于桥涵施工标准往往会更新,所以在选择参考资料时,应该注意采用新标准的参考资料。

本课程教学可参考以下资料:

(1)《客货共线铁路桥涵工程施工技术指南》(TZ 203—2008),中国铁道出版社。

(2)《铁路桥涵工程施工质量验收标准》(TB 10415—2003),中国铁道出版社。

(3)《预应力混凝土铁路桥简支梁静载弯曲试验方法及评定标准》(TB/T 2092—2003),中国标准出版社。

(4)《铁路架桥机架梁规程》(TB 10213—1999),中国铁道出版社。

(5)《预制后张法预应力混凝土铁路桥简支 T 梁技术条件》(TB/T 3043—2005),中国铁道出版社。

(6)《铁路桥梁盆式支座》(TB/T 2331—2013),中国铁道出版社。

(7)《铁路桥梁板式橡胶支座》(TB/T 1893—2006),中国铁道出版社。

(8)《铁路铺轨机、架桥机词汇》(GB/T 25342—2010),中国标准出版社。

(9)《公路工程技术标准》(JTG B01—2014),人民交通出版社股份有限公司。

(10)《公路桥涵设计通用规范》(JTG D60—2015),人民交通出版社股份有限公司。

(11)《公路圬工桥涵设计规范》(JTG D61—2005),人民交通出版社。

(12)《公路桥涵施工技术规范》(JTG/T F50—2011),人民交通出版社。

(13)李辅元,《桥梁工程》,人民交通出版社,2005。

(14)王常才,《桥涵施工技术》(第二版),人民交通出版社,2008。

(15)薛安顺,陈秋玲等,《桥梁工程技术》,高等教育出版社,2009。

(16)郭发忠,《桥涵工程》,人民交通出版社,2005。

(17)薛安顺、陈秋玲等,《公路小桥涵勘测设计与实例》,人民交通出版社,2006。

(18)郭发忠,《桥梁工程技术》,人民交通出版社,2006。

（19）《公路工程质量检验评定标准》（JTG F80—2004），人民交通出版社。

（二）教学建议

1. 教学条件

（1）软硬件条件。配备有电脑网络多媒体教学系统的教室，有桥梁的现场实习基地，使学生能够学与实践相结合。

（2）师资条件。组成一支职称结构、学历结构、年龄结构、专兼比例合理的“双师”结构师资队伍。主讲教师具有硕士以上学历和中级以上职称，能综合实施模块教学法、任务驱动法、引导文法等各种行动导向教学法，能较好地掌握计算机技术、网络技术等新知识、新技能，并具有相关职业资格技能证书，动手能力强；带领实习的辅助教师应具有较强的职业技能，具有较丰富的企业一线工作经验，具有高级工以上职业资格证书。

2. 教学方法

与行业企业的专家和兼职教师共同研讨，将铁路桥梁施工技术课程根据职业特征分解为主题模块，系统化设计模块任务，确定课程教学的内容。教学内容排序综合考虑学生认知的顺序和铁路桥施工的工序，内容排序上做到由简单到复杂、由单一到综合。贯彻“以学生为中心”的教学理念，实施行动导向教学方法，学生以小组形式，在教师的引导下通过模块的完成，达到专业知识学习和专业技能训练的目的。创造学习环境，创设有利于学生对知识意义构建的教学情境，在教学情境下使学生能够独立思考、共同探索、协作完成，使老师从知识传授者的角色转为学生学习过程的组织者、咨询者和指导者，使教学过程向学生自觉学习过程转化。

（1）在教学过程中，应立足于加强学生综合性专业素质、能力的培养，采用模块导向、任务引导提高学生学习兴趣，激发学生的成就动机。

（2）本课程教学的关键是如何处理好“理论与实践教学一体化”。在教学过程中，教师示范和学生分组讨论、训练互动，学生提问与教师解答、指导有机结合，让学生在“教”与“学”的过程中，进行桥梁施工放样与质量控制等施工现场技术管理。

（3）在教学过程中，要创设工作情境，同时应加大实际操作的容量，要紧密结合职业技能鉴定的要求，加强考证的实操作模块的训练，在实际操作过程中提高学生的岗位适应能力。

（4）在教学过程中，要应用多媒体、投影等教学资源辅助教学，帮助学生熟悉工地现场的施工过程及控制要点。

（5）在教学过程中，要重视本专业领域新技术、新工艺、新材料的发展趋势，贴近工地现场。为学生提供职业生涯发展的空间，努力培养学生参与社会实践的创新精神和职业能力。

（6）教学过程中，教师应积极引导学生提升职业素养，提高职业道德。整个教学过程中要求由工程实践经验丰富的“双师型”教师团队组织完成。

（三）教学考核评价建议

（1）改革传统的学业评价手段和方法，采用阶段评价、过程性评价与目标评价相结合，理论与实践一体化的评价模式。

（2）关注评价的多元性，结合课堂提问、学生作业、平时测验、实验实训、技能竞赛及考试情况，综合评价学生成绩。

（3）应注重学生动手能力和实践中分析问题、解决问题能力的考核，对在学习和应用上有创新的学生应予特别鼓励，全面综合评价学生能力。

由注重知识考核，变革为注重能力考核，采用形成性考核评价方法。

(1)期中考查占20%，完成模块任务占30%，平时考勤占20%，实训成果占30%。

(2)模块评价采用教师评价和学生自评相结合的形式，即“组长系数制”。每项模块完成后，由各小组提交一份成果报告，内容越丰富越有内涵，全组加分越高；适当时候进行小组答辩，对模块实施能提出新的观点及一些好的建议或相关案例的，适当加分。教师先给出各小组得分→组长根据组员在工作完成中所起的作用和表现状况，初定组员系数(0.8～1.1)→教师和班干部、组长开“碰头会”，对系数进行调整确认→小组分乘系数，得各组员的得分。

(四)课程资源的开发与利用

(1)注重课程资源和现代化教学资源的开发和利用，这些资源有利于创设形象生动的工作情境，激发学生的学习兴趣，促进学生对知识的理解和掌握。同时，建立多媒体课程资源的数据库，努力实现跨学校多媒体资源的共享，以提高课程资源利用效率。

(2)积极开发和利用网络课程资源，充分利用诸如电子书籍、电子期刊、数据库、数字图书馆、教育网站和电子论坛等网上信息资源，使教学从单一媒体向多种媒体转变、教学活动从信息的单向传递向双向交换转变、学生单独学习向合作学习转变。

(3)产学合作开发实验实训课程资源，充分利用本行业典型的生产企业的资源，进行产学合作，建立实习实训基地，实践“工学”交替，满足学生的实习实训，同时为学生的就业创造机会。

(4)建立本专业开放仿真实训基地、实训中心，使之具备现场教学、试验实训、职业技能鉴定的功能，实现教学与实训合一、教学与培训合一、教学与技能鉴定合一，满足学生综合职业能力培养的要求。

(五)其他说明

(1)本课程标准适用于新疆交通职业技术学院铁道工程技术专业。

(2)鉴于高职生源的多样性，在实施中要编好班组，宜于取长补短，共同提高。

(3)主讲教师和辅助教师在模块化教学时要适时提供相关资料的索引，让学生自己去查阅，充分调动学生自主学习的积极性，确保按时完成任务。

课程 8　铁路隧道施工与维护

课程名称:铁路隧道施工与维护
课程性质:专业核心课
建议学时:108 学时(理论 84 学时、实践 24 学时)
适用专业:铁道工程技术

一、前言

(一)课程定位

铁路隧道施工与维护是铁道工程技术专业的一门专业核心课程,其重点目标在于培养学生在以后的铁路工程建设中,从事相关铁路隧道施工的专项职业能力,使学生具备铁路隧道工程施工、检测等基本技能,同时培养学生精益求精、吃苦耐劳、团结协作的职业素质和日后从事铁道工程工作所需的方法能力和社会能力。本课程以工程图绘制与识读、轨道工程测量、力学与结构、岩土工程基础、工程材料应用等专业基础课为基础。后续课程为铁路工程施工组织与预算、铁道桥涵施工与维护、铁路隧道施工与维护。

(二)教学设计思路

本课程的总体设计思路是:根据市场需求,以工作过程为导向,以职业能力为核心,充分体现工学结合的特点,以铁路隧道施工的工作任务为载体实施课程整体设计。在课程内容设计上,首先是依据人才培养方案中关于人才培养目标的阐述,明确课程目标,然后邀请行业企业专家对铁道工程技术专业的专业背景、专业所涵盖的岗位群进行工作任务和职业能力分析,以及支撑专业核心能力的课程分析,并以此为依据确定本课程的工程项目、工作任务和课程内容。最后根据铁路工程建设中所涉及的铁路隧道施工、检测等相关知识和技能要求,设计针对性的项目,再将每个项目细化,划分为若干个学习情境。

在课程教学方法和教学手段设计上,以针对性的项目组织教学,并让学生在完成针对性的项目的过程中,学会完成相应工作任务。根据高职学生的认知规律和知识基础,实施理实一体化教学,利用校内以及校外实习基地,锻炼学生实际解决问题的能力。

在教学效果考核上,采取过程评价与结果评价相结合的方式,重点考核学生的综合职业能力。

二、课程目标

(一)知识目标

(1)铁路隧道的构造、组成及分类。

(2)铁路隧道辅助作业的基本内容。
(3)铁路隧道施工测量。
(4)洞口及明洞施工。
(5)铁路隧道施工的基本工序及施工技术要点。
(6)隧道现场监控量测项目和方法及数据处理。
(7)隧道常见病害的成因、类型、检查及整治措施。

(二)技能目标

(1)能够进行隧道施工技术交底。
(2)能合理选择铁路隧道的施工方法。
(3)能进行隧道施工放样。
(4)能够进行隧道周边收缩、拱顶下沉、锚杆抗拔力的量测。
(5)能够进行监控量测数据的处理。
(6)能够进行指导现场施工作业。

(三)素质目标

(1)通过技能训练小组的分工协作,提高学生团结协作、吃苦耐劳、诚信为本的能力。
(2)培养学生严谨的工作态度和信息收集、处理的能力。
(3)培养学生自学和独立思考、综合分析问题和解决问题的能力。
(4)培养学生在现有知识及技能的基础上不断开拓、创新的能力。
(5)增强学生自我保护意识,树立警钟长鸣、按章作业的安全和质量意识,培养学生对突发事件的应急处理能力。

三、课程内容与要求(表3-2)

四、实施建议

(一)教材选用和编写建议

1. 教材选用

本课程主教材暂使用人民交通出版社出版、宋秀清、刘杰主编的《隧道施工》(第二版)。该教材是高职高专工学结合课程改革规划教材。

2. 教材、教学参考资料使用建议

主要参考书及参考资料:
(1)高少强、隋修志主编,《隧道工程》,中国铁道出版社,2009年出版。
(2)朱永全、宋玉香主编,《隧道工程》,中国铁道出版社,2008年出版。
(3)王海亮主编,《铁路工程爆破》,中国铁道出版社,2005年出版。
由于隧道施工标准往往会更新,所以在选择参考资料时,应注意采用新标准的参考资料。

(二)教学建议

为保证课程标准的实施,教师应深入领会课程的基本理念,开拓思路,创新方法,以育人为本,全面实现课程目标。教学中应注意如下一些问题。

铁路隧道施工与维护课程内容与要求

表 3-2

序号	项　目	能 力 要 求	工 作 过 程	教学过程设计	参考学时	教 学 资 源
1	项目一 矿山法 隧道施工	**知识：** 1. 隧道基本构造 2. 围岩分级及围岩压力 3. 隧道洞口施工 4. 隧道明洞施工 5. 矿山法施工 **技能：** 1. 描述隧道基本构造 2. 能够对围岩进行分级 3. 能够进行洞口施工步骤的描述 4. 能够进行明洞施工步骤的描述 5. 能够描述矿山法施工步骤 6. 熟练掌握矿山法仿真软件操作 **素质：** 1. 通过技能训练小组的分工协作，提高学生团结协作、吃苦耐劳、诚信为本的能力 2. 培养学生自学和独立思考、综合分析问题和解决问题的能力	1. 控制网布设 2. 场地平整 3. 明洞开挖支护 4. 仰拱施工 5. 拱圈施工 6. 防水层施工 7. 隧道洞身开挖 8. 初期支护 9. 复合防水层施工 10. 仰拱支护 11. 洞身仰拱施工 12. 铺轨 13. 模板台车就位 14. 明洞回填 15. 二次衬砌混凝土施工 16. 防排水施工 17. 轨道工程施工	1. 教师提供隧道相关资料 2. 分组，5 人/组，学生根据需要选择适当的施工方法并分组进行汇报 3. 制作项目实施行动计划书，小组成员介绍人员分工，制订小组公约 4. 编制施工方案 5. 小组互换审查所编制方案 6. 分组汇报，教师评价	42	1. 电脑、投影仪 2. 教学资源库 3. 规范、规程
2	项目二 掘进机法 隧道施工	**知识：** 1. 掘进机特点、构造、基本原理 2. 掘进机法施工 **技能：** 1. 描述掘进机特点、构造及原理 2. 能够描述掘进机法施工步骤 **素质：** 1. 通过技能训练小组的分工协作，提高学生团结协作、吃苦耐劳、诚信为本的能力 2. 培养学生自学和独立思考、综合分析问题和解决问题的能力	1. TBM 组装 2. TBM 始发 3. TBM 掘进 4. 支护 5. TBM 到达	1. 教师提供隧道相关资料 2. 分组，5 人/组，学生根据需要选择适当的施工方法并分组进行汇报 3. 制作项目实施行动计划书，小组成员介绍人员分工，制订小组公约 4. 编制施工方案 5. 小组互换审查所编制方案 6. 分组汇报，教师评价	20	1. 电脑、投影仪 2. 教学资源库 3. 规范、规程

续上表

序号	项目	能力要求	工作过程	教学过程设计	参考学时	教学资源
3	项目三 盾构法 隧道施工	**知识**： 1. 盾构特点、构造、基本原理 2. 盾构法施工 **技能**： 1. 描述盾构特点、构造、基本原理 2. 能够描述盾构法施工步骤 3. 熟练掌握盾构法仿真软件操作 **素质**： 1. 通过技能训练小组的分工协作，提高学生团结协作、吃苦耐劳、诚信为本的能力 2. 培养学生自学和独立思考、综合分析问题和解决问题的能力	1. 竖井开挖 2. 盾构始发 3. 正常掘进 4. 同步注浆 5. 管片拼装 6. 盾构到达 7. 盾构调头	1. 教师提供隧道相关资料 2. 分组，5 人/组，学生根据需要选择适当的施工方法并分组进行汇报 3. 制作项目实施行动计划书，小组成员介绍人员分工，制订小组公约 4. 编制施工方案 5. 小组互换审查所编制方案 6. 分组汇报，教师评价	20	1. 电脑、投影仪 2. 教学资源库 3. 规范、规程
4	项目四 沉管法 隧道施工	**知识**： 1. 干坞制作 2. 管段预制 3. 管段浮运方法 4. 管段沉放步骤 5. 基础处理 6. 覆土回填 **技能**： 1. 描述管段预制方法 2. 描述管段浮运方法 3. 描述管段沉放方法 4. 描述基础处理方法 **素质**： 1. 通过技能训练小组的分工协作，提高学生团结协作、吃苦耐劳、诚信为本的能力 2. 培养学生自学和独立思考、综合分析问题和解决问题的能力	1. 干坞预制 2. 管段预制和基槽清淤 3. 管段浮运至隧址 4. 管段沉放至基槽 5. 基础处理 6. 覆土回填	1. 教师提供隧道相关资料 2. 分组，5 人/组，学生根据需要选择适当的施工方法并分组进行汇报 3. 制作项目实施行动计划书，小组成员介绍人员分工，制订小组公约 4. 编制施工方案 5. 小组互换审查所编制方案 6. 分组汇报，教师评价	20	1. 电脑、投影仪 2. 教学资源库 3. 规范、规程
机动					6	
合计					108	

（1）教学条件。配备有电脑网络多媒体教学系统的教室，有隧道施工的现场实习基地，学生能够学与实践相结合。

（2）运用现代教育技术手段。以信息技术为代表的现代教育技术极大地丰富了教学手段和教学资源，教师应努力掌握现代信息技术，要充分发挥学生在学校、家庭运用网络方面所蕴藏的巨大教育潜力，引导学生利用现代信息技术学习。

（3）教学方法。贯彻“以学生为中心”的教学理念，实施行动导向教学方法，学生以小组形式，在教师的引导下通过项目的完成，达到专业知识学习和专业技能训练的目的。创造学习环境，创设有利于学生对知识意义构建的教学情境，在教学情境下使学生能够独立思考、共同探索、协作完成，使老师从知识传授者的角色转为学生学习过程的组织者、咨询者和指导者，使教学过程向学生自觉学习过程转化。每项工作任务完成后，各小组提交一份成果报告。

（三）教学考核评价建议

（1）改革传统的学业评价手段和方法，采用阶段评价、过程性评价与目标评价相结合，理论与实践一体化的评价模式。

（2）关注评价的多元性，结合课堂提问、学生作业、平时测验、实验实训、技能竞赛及考试情况，综合评价学生成绩。

（3）教学效果评价：期中考试占20%，期末考试占40%，完成课程设计任务占20%，教师评价占10%，学生自评占10%。

（四）课程资源的开发与利用

（1）建立多媒体课程资源的数据库，实现多媒体资源的共享，以提高课程资源利用效率。

（2）利用校企合作教学单位，进行产学合作，实现做中学。

（3）建立本专业仿真实训基地、实训中心，使之具备现场教学、试验实训的功能，实现教学与实训合一，满足学生综合职业能力培养的要求。

（五）其他说明

（1）鉴于高职生源的多样性，在实施中要编好班组，宜于取长补短，共同提高。

（2）在项目化教学时要适时提供相关资料的索引，让学生自己去查阅，充分调动学生自主学习的积极性，确保按时完成任务。

课程 9　铁路轨道施工与维护

课程名称:铁路轨道施工与维护
课程性质:专业核心课
建议学时: 72 学时(理论 52 学时、实践 20 学时)
适用专业:铁道工程技术

一、前言

(一)课程定位

本课程是高职铁道工程技术专业的专业核心课程之一,其目标在于培养学生铁路轨道工程施工、养护和维修岗位职业能力,达到铁路工程施工员、线路工等岗位的基本要求,同时培养学生精益求精、吃苦耐劳、团结协作的“铺路石”品格和日后从事铁路轨道工程工作所需的方法能力和社会能力。

本课程要以铁道概论、工程图绘制与识读、测量仪器使用与数据处理、工程材料应用等课程学习为基础,后续可通过岗位能力提升培训、顶岗实习加强轨道施工、维护技能。

(二)教学设计思路

本课程的总体设计思路是:紧扣铁道工程技术专业的人才培养方案,以市场需求为导向、以职业能力为核心,校企共同进行课程建设和课程教学。打破以知识传授为主要特征的传统学科课程模式,以工作过程系统化思想进行课程体系结构设计,采用教、学、做一体的教学方法,以此发展学生的职业能力和职业素养。

在课程内容设计上,邀请行业企业专家对铁道工程技术专业的专业背景、专业所涵盖的岗位群进行分析,理清各工作岗位的典型工作任务和职业能力要求,并以此为依据确定本课程的课程内容。根据轨道工程所涉及的轨道施工、养护和维修等相关知识和技能要求,设计有代表性的工作过程相对应的 4 个学习项目,并对 4 个学习项目进行了周密的教学过程设计。

在课程教学方法和教学手段设计上,以任务组织教学,并让学生在完成具体的学习任务的过程中学会完成相应工作任务,根据高职学生的认知规律和知识基础,实施情境化教学和理实一体化教学,利用“轨道检测养护实训室”、“室外轨道综合实训场”、校外实习基地,锻炼学生解决实际问题的能力。

在教学效果评价方面,采取过程评价与结果评价相结合的方式,重点考核学生的职业能力。

二、课程目标

（一）知识目标

（1）了解轨道构造。
（2）了解轨道几何形位。
（3）了解道岔的构造及几何形位。
（4）了解轨道的施工与安全管理。
（5）掌握轨道养护维修工作的原则。
（6）掌握养护机械的使用方法。
（7）掌握线路检查、检测技术及养护维修与管理。
（8）了解线路维修验收标准与质量评定。

（二）技能目标

（1）能正确描述铁路轨道结构组成。
（2）能根据施工图纸编制轨道施工方案。
（3）能完成基本的轨道线路状态检查工作。
（4）能正确描述铁路轨道养护维修基本作业内容。
（5）能进行钢轨探伤基本操作。

（三）素质目标

（1）提高学生团结协作、吃苦耐劳、诚信为本的能力。
（2）培养学生严谨的工作态度和信息收集、处理的能力。
（3）培养学生自学和独立思考、综合分析问题和解决问题的能力。
（4）培养学生在现有知识及技能的基础上不断开拓、创新的能力。
（5）增强学生自我保护意识，树立警钟长鸣、按章作业的安全和质量意识，培养学生对突发事件的应急处理能力。

三、课程内容与要求（表3-3）

四、实施建议

（一）教材选用和编写建议

1. 教材选用

本课程教材建议使用中国铁道出版社出版，王兴强、郭兆军编的《铁路轨道施工与维修》。本教材能较好地适应基于工作过程系统化的课程设计思路。

2. 教材编写原则与要求

建议按本课程标准实施，教学过程中及时修订存在的问题，积累经验后，针对现有教材的不足，可以编写更加符合基于工作过程、融入铁路轨道施工与养护维修职业标准的工学结合教材。

铁路轨道施工与维护课程内容与要求

表 3-3

序号	项　目	能 力 要 求	工 作 过 程	教学过程设计	参考学时	教 学 资 源
1	项目一 一般有砟轨道 施工与维修	**知识：** 认知有砟轨道结构及轨道几何形位 **技能：** 1. 能正确描述铁路轨道结构组成 2. 能根据施工图纸编制轨道施工方案 3. 能完成基本的轨道线路状态检查工作 4. 能正确描述铁路轨道养护维修基本作业内容 **素质：** 1. 培养学生团结协作、吃苦耐劳、诚信为本的能力 2. 培养学生严谨的工作态度和信息收集、处理的能力	1. 有砟轨道道床施工 2. 有砟轨道铺轨施工作业	1. 观看图片、视频资料，认知一般有砟轨道结构（认知钢轨、钢轨接头、轨枕、扣件、道床构造）	2	1. 图纸、规范 2. 多媒体教室 3. 互联网及相关图书资料 4. 轨道检测、养护设备
				2. 查阅资料，认知轨道几何形位（包括曲线轨道构造）	2	
				3. 识读图纸，查阅规范及其他参考资料，编制一般有砟轨道施工方案	8	
				4. 各小组制作 PPT 汇报方案，教师总结评价	2	
			3. 轨道线路状态检查	1. 小组分工查阅资料，确定轨道线路状态检查内容，了解检查方法	2	
				2. 轨道几何状态检测、轨道部件状态检测实训，得出检查结论	2	
			4. 铁路轨道养护维修基本作业	1. 参观实训室并查阅资料，了解铁路轨道养护维修基本作业方法	2	
				2. 各小组制作 PPT 汇报	2	
2	项目二 无缝线路 施工与维修	**知识：** 1. 了解无缝线路轨道的构造 2. 了解无缝线路温度力及轨缝计算原理 **技能：** 1. 能简单描述长轨条焊接、运输、铺设的过程 2. 能根据任务要求制订养护维修工作方案 **素质：** 1. 培养学生严谨的工作态度和信息收集、处理的能力 2. 培养学生自学和独立思考、综合分析问题和解决问题的能力	1. 无缝线路温度力及轨缝计算	1. 查阅资料，认知无缝线路轨道的构造	2	1. 相关规范、规程 2. 多媒体教室 3. 互联网及相关图书资料 4. 轨道检测、养护设备
				2. 教师讲解温度应力式无缝线路的构造原理		
				3. 根据教师给定任务，分组进行无缝线路温度力及轨缝计算	2	
			2. 长轨条焊接 3. 长轨条的运输与铺设	通过图片、视频资料，了解无缝线路长轨条焊接、运输、铺设的过程	2	
			4. 无缝线路养护维修	1. 教师给定模拟工作任务 2. 小组分工查阅《铁路线路修理规则》等资料，编写无缝线路养护维修方案，制作 PPT 汇报	6	

续上表

<table>
<tr><th>序号</th><th>项目</th><th>能力要求</th><th>工作过程</th><th>教学过程设计</th><th>参考学时</th><th>教学资源</th></tr>
<tr><td rowspan="4">3</td><td rowspan="4">项目三
道岔施工
及维修</td><td rowspan="4">知识：
1. 了解道岔的作用、分类
2. 熟悉单开道岔的构造
技能：
1. 能识读单开道岔施工图
2. 能进行道岔病害及几何尺寸检查
3. 能根据任务要求制订养护维修工作方案
素质：
1. 培养学生自学和独立思考、综合分析问题和解决问题的能力
2. 培养学生在现有知识及技能的基础上不断开拓、创新的能力</td><td>1. 道岔施工准备</td><td>1. 通过多媒体手段，进行道岔的总体认知、单开道岔的构造认知
2. 识读单开道岔施工图</td><td>4</td><td rowspan="4">1. 相关规范、规程
2. 多媒体教室
3. 互联网及相关图书资料
4. 轨道检测、养护设备</td></tr>
<tr><td>2. 道岔的铺设</td><td>根据施工图纸编制单开道岔施工方案</td><td>2</td></tr>
<tr><td>3. 道岔病害及几何尺寸检查</td><td>1. 小组分工查阅《铁路线路修理规则》等资料，了解道岔检查内容
2. 在实训场进行道岔检查实训</td><td>4</td></tr>
<tr><td>4. 道岔维修基本作业</td><td>1. 查阅资料，编写道岔养护维修方案
2. 制作 PPT 进行项目汇报</td><td>4</td></tr>
<tr><td rowspan="5">4</td><td rowspan="5">项目四
高铁无砟轨道
施工与维修</td><td rowspan="5">知识：
了解不同类型无砟轨道结构
技能：
1. 能正确描述双块式无砟轨道施工工艺流程
2. 掌握轨检小车、钢轨探伤仪基本操作技能
素质：
1. 培养学生在现有知识及技能的基础上不断开拓、创新的能力
2. 增强学生自我保护意识，树立警钟长鸣、按章作业的安全和质量意识，培养学生对突发事件的应急处理能力</td><td>1. 高铁无砟轨道施工准备</td><td>查阅资料，认知不同类型无砟轨道结构</td><td>2</td><td rowspan="5">1. 相关规范、规程
2. 多媒体教室
3. 互联网及相关图书资料
4. 轨道检测、养护设备</td></tr>
<tr><td>2. 高铁无砟轨道施工</td><td>1. 查阅资料，观看图片、视频资料了解高铁施工
2. 编制某拟建线路双块式无砟轨道施工方案</td><td>4</td></tr>
<tr><td>3. 高铁无砟轨道结构病害检查及伤损判定</td><td>1. 学生查阅资料，了解高铁无砟轨道结构病害检查及伤损判定相关规定，教师抽查考核
2. 进行钢轨探伤实训，完成实训报告</td><td>6</td></tr>
<tr><td>4. 高铁无砟轨道几何状态检查</td><td>1. 查阅资料，了解无砟轨道几何状态检查相关内容
2. 轨检小车轨道几何状态检查实训</td><td>4</td></tr>
<tr><td>5. 无砟轨道几何尺寸调整作业</td><td>1. 观看视频，查阅资料，了解无砟轨道几何尺寸调整作业方法
2. 小组进行项目汇报</td><td>2</td></tr>
<tr><td colspan="5">机动</td><td colspan="2">6</td></tr>
<tr><td colspan="5">合计</td><td colspan="2">72</td></tr>
</table>

3. 教材、教学参考资料使用建议

(1)中华人民共和国铁道部,《铁路线路修理规则》,2006 年出版。

(2)周国英主编,《铁路轨道施工与修理》,武汉大学出版社,2015 年出版。

(3)梁斌主编,《铁路轨道构造》,北京大学出版社,2013 年出版。

(4)陈秀方主编,《轨道工程》,中国建筑工业出版社,2005 年出版。

(5)练松良主编,《轨道工程》,同济大学出版社,2006 年出版。

(6)韩峰主编,《铁道线路工程施工》,中国铁道出版社,2006 年出版。

(二)教学建议

1. 教学条件

(1)软硬件条件。配备有电脑网络多媒体教学系统的教室,有铁路轨道施工与养护维修实习基地,使学生能够学与实践相结合。

(2)师资条件。组成一支职称结构、学历结构、年龄结构、专兼比例合理的"双师"结构师资队伍。主讲教师具有硕士以上学历和中级以上职称,能综合实施项目教学法、任务驱动法、引导文法等各种行动导向教学法,能较好地掌握计算机技术、网络技术等新知识、新技能,并具有相关职业资格技能证书,动手能力强;实训指导教师应具有较强的职业技能,具有较丰富的企业一线工作经验。

2. 教学方法

贯彻"以学生为中心"的教学理念,实施行动导向教学方法,学生以小组形式,在教师的引导下通过项目的实施,达到专业知识学习和专业技能训练的目的。使老师从知识传授者的角色转为学生学习过程的组织者、咨询者和指导者,使教学过程向学生自觉学习过程转化。

(1)在教学过程中,应立足于加强学生综合性专业素质、能力的培养,采用项目导向、任务引导提高学生学习兴趣,激发学生的成就动机。

(2)本课程教学的关键是如何处理好"理论与实践教学一体化"。在教学过程中,教师示范和学生分组讨论、训练互动,学生提问与教师解答、指导有机结合,让学生在"教"与"学"的过程中,掌握轨道的构造,能进行轨道施工、线路检测及养护维修等。

(3)在教学过程中,应加大实际操作的容量,要紧密结合岗位职业能力的要求,加强技能训练,在实际操过程中提高学生的岗位适应能力。

(4)在教学过程中,要应用多媒体、投影等教学资源辅助教学,帮助学生熟悉工地现场的轨道施工、检测、养护的过程及控制要点。

(5)教学过程中教师应积极引导学生提升职业素养,提高职业道德。整个教学过程中要求由工程实践经验丰富的"双师型"教师团队组织完成。

针对不同的学习任务,选用不同特点的教学方法,在教学过程中可以采用多种教学方法,如项目教学法、引导文教学法、问题导向教学法、范例教学法等,具体教学方法视情况而定。

(三)教学考核评价建议

改革传统的学业评价手段和方法,采用阶段评价、过程性评价相结合,理论与实践一体化的评价模式。

(1)课程共设 4 个学习项目,每个项目成绩占总成绩的 25% 。

(2)每个项目的评价采用教师评价和学生自评相结合的形式。每一项目实施过程中,教师跟踪各小组的表现，并做相关记录供评分参考；项目任务完成后，教师根据各小组汇报及提交成果材料情况给出各小组得分基数，然后组长根据组员在项目完成中所起的作用和表现评定各组员分数（由小组得分基数乘系数确定，系数在0.8～1.1之间取值）。

（四）课程资源的开发与利用

（1）深入铁路施工、养护一线或利用网络收集一线技术人员作业影像资料，建设教学资源库，让学生直观了解现场作业情况。

（2）产学合作开发实训课程资源，充分利用本行业典型的生产企业的资源，进行产学合作，建立实习实训基地，实践"工学"交替，满足学生的实习实训需要，同时为学生的就业创造机会。

（3）建立本专业实训基地，使之具备现场教学、试验实训、职业技能鉴定的功能，实现教学与实训合一、教学与培训合一、教学与技能鉴定合一，满足学生综合职业能力培养的要求。

（五）其他说明

（1）本课程标准适用于新疆交通职业技术学院铁道工程技术专业。

（2）鉴于高职生源的多样性，在实施中要编好班组，宜于取长补短，共同提高。

（3）主讲教师和辅助教师在项目化教学时要适时提供相关资料的索引，让学生自己去查阅，充分调动学生自主学习的积极性，确保按时完成任务。

课程 10　铁路路基施工与维护

课程名称:铁路路基施工与维护
课程性质:专业核心课
建议学时:72 学时
适用专业:铁道工程技术

一、前言

(一)课程定位

铁路路基施工与维护是铁道工程技术专业的一门专业核心课程,其重点目标在于培养学生从事相关铁路线路工程施工的专项职业能力,掌握铁路路基基本构造及路基施工基本工艺要求,具备铁路路基施工及组织的能力,同时培养学生精益求精、吃苦耐劳、团结协作的职业素质和日后从事铁道工程工作所需的方法能力和社会能力。

本课程以测量仪器使用与数据处理、工程材料应用、工程图绘制与识读、岩土工程基础等课程为基础。后续课程有轨道施工与养护维修、铁路工程施工组织与预算等。

(二)教学设计思路

本课程的总体设计思路是:根据市场需求,以工作过程为导向,以职业能力为核心,充分体现工学结合的特点,以铁路路基施工的工作任务为载体实施课程整体设计。

在课程内容设计上,以铁道工程技术施工的基本流程和基本工艺为课程主线,遵照学生认知特点,将课程学习内容划分为 7 个教学项目,根据项目具体情况,每个项目划分为不同的工作任务,通过完成每个工作任务以达到学习目标。

在课程教学方法和教学手段设计上,通过多媒体教学、现场参观、实习实训等教学手段,主要采用分组教学(辅教由每组的组长担任)、激励教学法,鼓励学生、肯定学生,给每个学生表现自我的机会,同时锻炼学生团队精神,提高团队凝聚力,提高教学效果。

教学效果评价采取过程评价与结果评价相结合的方式,重点考核学生的综合职业能力。

二、课程目标

(一)知识目标

(1)掌握铁路路基的构造、组成及分类。
(2)掌握铁路路基填料分类及分组。
(3)掌握地基处理方法、施工工艺及控制条件。
(4)掌握一般路基的施工工艺流程。

(5)熟悉特殊岩土路基施工方法。

(6)熟练进行重力式挡土墙设计计算,掌握铁路路基常用支挡结构施工要求及技术规范等相关知识。

(7)熟悉路基排水及路基防护的施工方法。

(8)了解高速铁路路基基床结构及施工工艺。

(9)掌握路基常见病害的防治及路基维修与大修作业的相关知识。

(二)技能目标

(1)能够识读铁路路基横断面图。

(2)能读懂铁路路基施工组织设计方案。

(3)能进行地基处理施工方案设计,并编写施工方案。

(4)能进行一般路基施工作业并进行方案设计。

(5)能进行特殊岩土路基施工作业。

(6)能参与并协助完成重力式挡土墙的设计,具备一般支挡结构施工的基本能力。

(7)能进行路基排水及防护加固工程施工。

(8)能叙述高速铁路路基施工过程。

(9)具备一般病害的分析与整治、综合维修作业、保养作业的技术能力。

(三)素质目标

(1)培养学生团结协作、吃苦耐劳、诚信为本的能力。

(2)培养学生严谨的工作态度和信息收集、处理的能力。

(3)培养学生自学和独立思考、综合分析问题和解决问题的能力。

(4)培养学生在现有知识及技能的基础上不断开拓、创新的能力。

(5)增强学生自我保护意识,树立警钟长鸣、按章作业的安全和质量意识,培养学生对突发事件的应急处理能力。

三、课程内容与要求(表3-4)

四、实施建议

(一)教材选用和编写建议

1.教材选用

本课程教材主要采用中国铁道出版社出版,解宝柱、曾润忠主编的《铁路路基施工与维护》。

2.教材编写原则与要求

(1)目前采用的教材《铁路路基施工与维护》,基本满足使用要求。

(2)目前使用教材内容可以根据学生具体情况做适当选择。

3.教学参考资料使用建议

由于工程施工技术规范及标准会不断更新,新材料、新工艺、新技术、新设备的使用也在不断探索,所以在选择参考资料时,应注意采用新标准的参考资料。

铁路路基施工与维护课程内容与要求

表 3-4

序号	项目	能力要求	工作过程	教学活动设计	参考学时	教学资源
1	项目一 铁路路基 构造认知	**知识：** 掌握路基的构造、组成及分类 **技能：** 能够识读铁路路基横断面图 **素质：** 培养学生自学和独立思考、综合分析问题和解决问题的能力	1. 路基横断面构造认知	1. 图片展示铁路路基，初步了解铁路路基构造 2. 分析路基标准设计横断面，分组探讨并认识路基横断面组成 3. 查阅《铁路路基设计规范》（TB 10001—2005），了解路基构造各要素的要求	4	电脑、投影、视频、图片资料、路基横断面图、《铁路路基工程施工质量验收标准》（TB 10414—2003）、《铁路路基设计规范》
			2. 识读铁路路基横断面图	1. 分组识读路基标准设计横断面图，老师点评 2. 分组绘制路基标准设计横断面图，老师点评	4	电脑、投影、PPT 图片、路基横断面图、《铁路路基设计规范》、绘图工具
2	项目二 路基施工 准备与组织	**知识：** 掌握铁路路基填料分类及分组 **技能：** 能读懂铁路路基施工组织设计方案 **素质：** 培养学生严谨的工作态度和信息收集、处理的能力	1. 路基施工准备	1. 阅读《铁路路基施工组织设计方案》，了解路基施工准备工作 2. 给定工程地质勘察资料，开展路基填料设计，重点掌握路基填料分组	2	电脑、投影、图片、《铁路路基施工组织设计方案》资料、勘察资料
			2. 路基施工组织	1. 阅读《铁路路基施工组织设计方案》，了解路基施工组织各项工作 2. 认真研究《铁路路基施工组织设计方案》，识读土石方调配图，小组汇报，老师点评	2	电脑、投影、图片、《铁路路基施工组织设计方案》资料
3	项目三 路基地基处理	**知识：** 掌握地基处理方法、施工工艺及控制条件 **技能：** 能进行地基处理施工方案设计，并编写施工方案 **素质：** 培养学生在现有知识及技能的基础上不断开拓、创新的能力	1. 换填施工	1. 给定资料，换填厚度及宽度确定 2. 分组讨论换填层施工过程及控制条件，老师点评	1	电脑、投影、规范、工程资料
			2. 排水固结法加固地基施工	观看视频，分组讨论袋装砂井和塑料排水板施工工艺及机理，老师点评	1	电脑、投影、视频资料、规范、工程资料
			3. 碎石（砂）桩加固地基施工	观看视频，分组讨论碎石桩施工工艺及控制条件，老师点评	1	电脑、投影、视频资料、规范、工程资料

续上表

序号	项　目	能力要求	工作过程	教学活动设计	参考学时	教学资源
3	项目三 路基地基处理	**知识:** 掌握地基处理方法、施工工艺及控制条件 **技能:** 能进行地基处理施工方案设计,并编写施工方案 **素质:** 培养学生在现有知识及技能的基础上不断开拓、创新的能力	4. CFG 桩加固地基施工	观看视频,分组讨论 CFG 桩施工工艺及控制条件,老师点评	1	电脑、投影、视频资料、规范、工程资料
			5. 高压旋喷桩加固地基施工	观看视频,分组讨论高压旋喷桩施工工艺及控制条件,老师点评	1	电脑、投影、视频资料、规范、工程资料
			6. 灰土挤密桩加固地基施工	观看视频,分组讨论灰土挤密桩施工工艺及机理,老师点评	1	电脑、投影、视频资料、规范、工程资料
			7. 强夯法加固地基施工	观看视频,分组讨论强夯法施工工艺及机理,老师点评	1	电脑、投影、视频资料、规范、工程资料
			8. 土工材料加固地基施工	观看视频,分组讨论土工材料施工工艺及机理,老师点评	1	电脑、投影、视频资料、规范、工程资料
			9. 地基处理施工方案编订	分组给定资料,编写地基处理施工方案,小组汇报,老师点评	2	电脑、投影、规范;工程资料
4	项目四 路基本体施工	**知识:** 掌握一般路基的施工工艺流程,熟悉特殊岩土路基施工方法 **技能:** 能进行一般路基施工作业并进行方案设计,能进行特殊岩土路基施工作业 **素质:** 培养学生在现有知识及技能的基础上不断开拓、创新的能力	1. 基床以下路堤施工(一般路堤填筑)	1. 查阅《铁路路基工程施工质量验收标准》及《铁路路基施工作业指导书》并参考视频资料 2. 小组讨论总结基床以下路堤(一般路堤)填筑要求及施工过程,教师点评	2	《铁路路基工程施工质量验收标准》、《铁路路基施工作业指导书》
			2. 基床以下路堤施工(边坡及过渡段)	1. 查阅《铁路路基工程施工质量验收标准》及《铁路路基施工作业指导书》并参考视频资料 2. 小组讨论总结基床以下边坡及过渡段的要求及施工过程,教师点评		《铁路路基工程施工质量验收标准》、《铁路路基施工作业指导书》
			3. 基床以下路堤施工(加筋土、改良土及填石路堤)	1. 查阅《铁路路基工程施工质量验收标准》及《铁路路基施工作业指导书》并参考视频资料 2. 小组讨论总结基床以下加筋土、改良土及填石路堤的要求及施工过程,教师点评	2	《铁路路基工程施工质量验收标准》、《铁路路基施工作业指导书》

续上表

序号	项目	能力要求	工作过程	教学活动设计	参考学时	教学资源
4	项目四 路基本体施工	**知识：** 掌握一般路基的施工工艺流程，熟悉特殊岩土路基施工方法 **技能：** 能进行一般路基施工作业并进行方案设计；能进行特殊岩土路基施工作业 **素质：** 培养学生在现有知识及技能的基础上不断开拓、创新的能力	4. 基床以下路堤施工（特殊土地基上路堤填筑）	1. 查阅《铁路路基工程施工质量验收标准》及《铁路路基施工作业指导书》并参考视频资料 2. 小组讨论总结基床以下特殊土地基上路堤填筑的要求及施工过程，教师点评	2	《铁路路基工程施工质量验收标准》、《铁路路基施工作业指导书》
			5. 基床施工	1. 查阅《铁路路基工程施工质量验收标准》及《铁路路基施工作业指导书》并参考视频资料 2. 小组讨论总结基床施工要求及施工过程，进行路基填筑施工方案设计	2	《铁路路基工程施工质量验收标准》、《铁路路基施工作业指导书》
			6. 路堑施工（一般路堑施工）	1. 查阅《铁路路基工程施工质量验收标准》及《铁路路基施工作业指导书》并参考视频资料 2. 小组讨论总结一般路堑施工的要求及施工过程，教师点评	2	《铁路路基工程施工质量验收标准》、《铁路路基施工作业指导书》
			7. 路堑施工（特殊岩土路堑施工）	1. 查阅《铁路路基工程施工质量验收标准》及《铁路路基施工作业指导书》并参考视频资料 2. 小组讨论总结特殊岩土路堑施工的要求及施工过程，进行路堑施工方案设计	2	《铁路路基工程施工质量验收标准》、《铁路路基施工作业指导书》
			8. 改建及增建第二线路基施工	1. 阅读《铁路路基设计规范》，了解改建与增建的施工方法 2. 分组绘制改建及增建施工顺序图，老师点评	2	电脑、投影、《铁路路基设计规范》

续上表

序号	项　目	能 力 要 求	工 作 过 程	教学活动设计	参考学时	教 学 资 源
5	项目五 路基支挡结构施工	**知识:** 掌握重力式挡土墙设计计算,掌握常用支挡结构施工要求及技术规范等相关知识 **技能:** 能参与并协助完成重力式挡土墙的设计,具备一般支挡结构施工的基本能力 **素质:** 培养学生自学和独立思考、综合分析问题和解决问题的能力	1. 重力式挡土墙施工	1. 查阅《铁路路基支挡结构设计规范》,了解重力式挡土墙构造 2. 观看视频,分组讨论重力式挡土墙施工工艺,老师点评 3. 给定资料,对重力式挡土墙进行设计,老师点评	6	视频资料、图片资料、《铁路路基支挡结构设计规范》
			2. 加筋挡土墙施工	1. 查阅《铁路路基支挡结构设计规范》,了解加筋挡土墙构造 2. 观看视频,分组讨论加筋挡土墙施工工艺,老师点评 3. 布置任务,分组完成加筋土挡土墙模型制作,老师点评	4	视频、图片资料、模型制作材料及工具、《铁路路基支挡结构设计规范》
			3. 锚杆挡土墙施工	1. 查阅《铁路路基支挡结构设计规范》,了解锚杆挡土墙构造 2. 观看视频,分组讨论锚杆挡土墙施工工艺,老师点评	2	视频资料、图片资料、《铁路路基支挡结构设计规范》
			4. 抗滑桩施工	1. 查阅《铁路路基支挡结构设计规范》,了解抗滑桩构造 2. 观看视频,分组讨论抗滑桩墙施工工艺,老师点评	2	视频资料、图片资料、《铁路路基支挡结构设计规范》
6	项目六 路基排水及防护设施施工	**知识:** 熟悉路基排水及路基防护的施工方法 **技能:** 能进行路基排水及防护加固工程施工 **素质:** 培养学生在现有知识及技能的基础上不断开拓、创新的能力	1. 路基排水设施施工	1. 查阅《铁路路基设计规范》,研究路基排水相关内容 2. 分组讨论地面及地下排水设备技术要求,教师点评	2	电脑、投影、图片资料、《铁路路基设计规范》
			2. 路基坡面防护施工	1. 查阅《铁路路基设计规范》,研究路基坡面防护施工相关内容 2. 分组讨论路基坡面防护类型的选择,教师点评	2	电脑、投影、图片资料、《铁路路基设计规范》

续上表

序号	项目	能力要求	工作过程	教学活动设计	参考学时	教学资源
6	项目六 路基排水及防护设施施工	**知识：** 熟悉路基排水及路基防护的施工方法 **技能：** 能进行路基排水及防护加固工程施工 **素质：** 培养学生在现有知识及技能的基础上不断开拓、创新的能力	3. 路基冲刷防护施工	1. 查阅《铁路路基设计规范》，研究路基冲刷防护施工相关内容 2. 分组讨论路基冲刷防护类型的选择，教师点评	2	电脑、投影、图片资料、《铁路路基设计规范》
7	项目七 高速铁路路基施工	**知识：** 了解高速铁路路基基床结构及施工工艺 **技能：** 能叙述高速铁路路基施工过程 **素质：** 培养学生自学和独立思考、综合分析问题和解决问题的能力	高速铁路路基构造认知	1. 图片展示，了解高速铁路路基构造 2. 观看视频，了解高速铁路路基施工方法	2	图片资料、视频资料、《高速铁路路基工程施工质量验收标准》
8	项目八 路基养护与维修	**知识：** 掌握路基常见病害的防治及路基维修与大修作业的相关知识 **技能：** 具备一般病害的分析与整治、综合维修作业、保养作业的技术能力 **素质：** 增强学生自我保护意识，树立警钟长鸣、按章作业的安全和质量意识，培养学生对突发事件的应急处理能力	1. 路基基床常见病害及治理	1. 展示图片，了解路基基床常见病害类型 2. 小组讨论分析各病害产生的原因 3. 小组讨论对病害提出可能的治理措施，教师总结点评	2	PPT图片、《铁路路基工程质量评定验收标准》
			2. 路基边坡常见病害及治理	1. 图片及视频了解路基边坡常见病害类型 2. 小组讨论分析各种病害产生的原因 3. 小组讨论对病害提出可能的治理措施，教师总结点评	2	PPT图片、视频资料、《铁路路基工程质量评定验收标准》
			3. 路基连接处及基底常见病害及治理	1. 图片了解路基边坡常见病害类型 2. 小组讨论分析各病害产生的原因 3. 小组讨论对病害提出可能的治理措施，教师总结点评	2	PPT图片、《铁路路基工程质量评定验收标准》

续上表

序号	项目	能力要求	工作过程	教学活动设计	参考学时	教学资源
8	项目八 路基养护与维修	**知识：** 掌握路基常见病害的防治及路基维修与大修作业的相关知识 **技能：** 具备一般病害的分析与整治、综合维修作业、保养作业的技术能力 **素质：** 增强学生自我保护意识，树立警钟长鸣、按章作业的安全和质量意识，培养学生对突发事件的应急处理能力	4. 路基维修与大修作业	1. 查阅《铁路路基大修维修规则》，了解路基维修与大修作业相关内容 2. 编写路基维修与大修作业方案，教师点评	2	《铁路路基大修维修规则》、《铁路路基工程质量评定验收标准》
			5. 特殊条件下路基的养护维修（冻土）	1. 查阅论文《青藏铁路冻土地区的路基养护》 2. 分组讨论分析病害的类型及日常养护和大中修的工作内容，教师点评	2	论文《青藏铁路冻土地区的路基养护》、《铁路路基工程质量评定验收标准》
机动					4	
合计					72	

主要参考书及参考资料：

(1)《客货共线铁路路基工程施工技术指南》(TZ 202—2008)，中国铁道出版社。

(2)《铁路路基设计规范》(TB 10001—2005)，中国铁道出版社。

(3)王媛琳主编，《高速铁路路基施工及维护》(高等职业教育高速铁路规划教材)，西南交通大学出版社，2010年出版。

(4)王军龙主编，《铁路路基施工与养护》(高等职业教育“十二五”规划教材)，西南交通大学出版社，2012年出版。

(5)《中国铁道》杂志，中国铁道科学研究院主办。

(6)《中国铁道科学》，铁道部科学研究院主办。

(7)中国铁道工程建设协会监理专业委员会，http://www.carec.org.cn/ChildISOC1/index.aspx.

(8)铁道论坛，http://bbs.egaosu.com/forum.php.

(9)中国铁道网，http://www.chnrailway.com.

(二)教学建议

为保证课程标准的实施，教师应深入领会课程的基本理念，开拓思路，创新方法，以育人为本，全面实现课程目标。教学中应注意如下一些问题。

(1)教学条件。充分利用学院交通实训中心路基实训工程室进行校内实践教学活动设计与教学。

(2)运用现代教育技术手段。应用多媒体、视频等教学资源辅助教学，有利于学生理解教学内容。

(3)教学方法。教学过程中应注意充分调动学生的主动性和积极性，避免“满堂灌”的传统教学方法，注重“教”与“学”的互动。可以对学生进行分组，每组6~7人，各组任命1名学生作为辅教，以小组为单位参加课堂及实践教学环节，考核成绩与小组的综合评定成绩相关。老师从知识传授者的角色转为学生学习过程的组织者、咨询者和指导者，使教学过程向学生自觉学习过程转化。每项工作任务完成后，各小组提交一份成果报告。

(4)教学中可深入现场进行观摩教学，由教师带领学生参观铁路路基施工作业现场，让学生有更直观、更实际的感受。

(5)积极引导学生提升职业素养，提高职业道德，形成较好的安全意识、合作意识、创新精神。

(三)教学考核评价建议

1. 评价方式

本课程采用考核评价和过程评价相结合的方式。对学生的知识与技能掌握程度、学生的知识综合运用能力、团结协作和语言表达等社会能力以及在实训过程中表现出来的个人素质进行综合评价。

2. 教学评价

课程教学评价，突出过程评价，结合课堂提问、实训活动、阶段测试、测验等手段，加强实践性教学环节的考核。评价时注重学生动手能力和分析、解决问题的能力，对在学习和应用上有创新的学生应在评定时给予鼓励。

本课程的总评成绩 = 平时成绩 + 团队协作 + 实验总评 + 期末考试成绩。其中，平时成绩占10%，团队协作占20%，实验总评占30%，期末考试成绩占40%。

（四）课程资源的开发与利用

（1）建立多媒体课程资源的数据库，实现多媒体资源的共享，以提高课程资源利用效率。

（2）开发并应用幻灯片、视频、Flash动画、网络课件、微课程等教学资源，调动学生学习的积极性、主动性及创造性。

（3）模拟真实场景，开发基于生产任务的校内实训项目，提升学生职业能力。

（五）其他说明

（1）本课程标准适用于新疆交通职业技术学院铁道工程技术专业。

（2）鉴于新疆高职生源的特点，在课程实施中要编好班组，宜于取长补短，共同提高。

（3）在项目化教学时要适时提供相关资料的索引，让学生自己去查阅，充分调动学生自主学习的积极性。

课程 11　铁路工程施工组织与预算

课程名称:铁路工程施工组织与预算
课程性质:专业核心课
建议学时:64 学时
适用专业:铁道工程技术

一、前言

(一)课程定位

铁路工程施工组织与预算是铁道工程技术专业的一门专业核心课程,其重点目标在于将学生培养成知造价、懂管理的实用型人才,培养学生在工程建设中的施工组织管理能力,为以后从事铁路工程施工管理工作打下坚实基础。同时培养学生精益求精、吃苦耐劳、团结协作的职业素质和日后从事铁路工程工作所需的方法能力和社会能力。

本课程以铁路路基施工与维护、铁路桥涵施工与维护、铁路隧道施工与维护、工程图绘制与识读等课程为基础。

(二)教学设计思路

本课程的总体设计思路是:以人才需求为导向,以职业能力培养为核心,以铁路工程施工组织设计、施工概预算项目化教学任务为载体实施课程整体设计,将职业能力培养贯穿始终,充分体现学做一体的特点。

在课程内容设计上,以铁路工程施工组织管理职业能力要求为课程主线,遵照学生认知特点,将课程学习内容划分成 5 个教学项目,根据项目具体情况,每个项目划分为不同的工作任务,通过完成每个工作任务以达到学习目标。

在课程教学方法和教学手段设计上,通过多媒体教学、案例教学、现场参观、实习实训等教学手段,主要采用项目化教学、分组教学、激励教学法,激发学生的学习能力和主动性,让学生在设置的项目情境中带着任务开始,在完成任务的过程中学习,鼓励学生、肯定学生,给每个学生表现自我的机会,同时锻炼学生团队精神,提高团队凝聚力,提高教学效果。

教学效果评价采取过程评价与结果评价相结合,老师评价与学生互评定结果的方式,重点考核学生的综合职业能力。

二、课程目标

课程目标根据职业技能培养需求,按照总体目标→具体目标的思路进行设计,见表 3-5。

课 程 目 标　　表 3-5

总体目标	通过任务引领型的项目活动，掌握工程项目管理、铁路施工组织、概预算等相关理论知识，对铁道工程建设管理流程有一定的了解；能够编制分部（分项）、单位工程的施工组织设计；阅读理解工程概预算文件；培养学生成为铁道工程建设一线“知造价、懂管理”的实用型管理技术人员		
具体目标	知识目标	技能目标	素质目标
	1. 熟悉基本建设的分类、特点和程序；掌握铁路工程建设的特点、程序与项目管理的内容与任务 2. 计划图的绘制、网络时间参数的计算和网络计划的优化方法 3. 掌握施工组织设计的编制工作 4. 熟悉定额相关的知识；掌握每种定额之间的差异及使用条件；熟练掌握概预算的编制方法和费用计算 5. 掌握概预算文件的编制工作	1. 能够针对铁路工程建设的特点及项目管理工作，确定自己未来项目管理者的角色，明确未来的工作任务及知识要求 2. 能利用工程项目施工仿真平台模拟并优化时间进度管理；能利用计算机将网络计划应用在进度管理中 3. 能编制一套完整的施工组织设计报告 4. 能熟练地根据工程量清单查找相关定额；会编制分项工程概预算文件 5. 能编制一套完整的分项工程预算文件	1. 提高学生团结协作、吃苦耐劳、诚信为本的能力 2. 培养学生严谨的工作态度和信息收集、处理的能力 3. 培养学生自学和独立思考、综合分析问题和解决问题的能力 4. 培养学生在现有知识及技能的基础上不断开拓、创新的能力 5. 增强学生组织管理能力与现场协调全局调配的能力 6. 培养学生的沟通能力与应变能力

三、课程内容与要求（表 3-6）

四、实施建议

（一）教材选用和编写建议

1. 教材选用

本课程教材主要采用北京理工大学出版社出版，李东侠、张振雷主编的《铁路工程施工组织管理与概预算》。

2. 教材编写原则与要求

目前采用的教材《铁路工程施工组织管理与概预算》，基本满足使用要求。

3. 教材、教学参考资料使用建议

由于铁路施工概预算标准往往会更新，所以在选择参考资料时，应注意采用新标准的参考资料。

（二）教学建议

为保证课程标准的实施，教师应深入领会课程的基本理念，开拓思路，创新方法，以育人为本，全面实现课程目标。教学中应注意如下一些问题。

（1）教学条件。充分利用学院地下仿真实训室进行校内实践教学活动设计与教学。

（2）运用现代教育技术手段。应用多媒体、视频等教学资源辅助教学，有利于学生理解教学内容。

铁路工程施工组织与预算课程内容与要求

表 3-6

序号	项目	能力要求	工作过程	教学过程设计	参考学时	教学资源
1	项目一 铁路路基工程施工组织设计	**知识：** 掌握铁路路基工程施工组织设计的编制方法和要点 **技能：** 能在老师的指导下熟悉铁路路基工程施工组织设计的编制工作内容及程序 **素质：** 培养认真的学习态度和严谨的工作态度	1. 铁路路基工程施工组织设计准备工作	1. 查阅《铁路施工组织设计指南》中路基施工组织设计相关内容 2. 阅读×××铁路施工组织设计意见及合同、设计文件、设计图纸 3. 查阅×××铁路工程概况、建设项目所在地区特征 4. 分小组讨论、汇报×××铁路路基工程施工组织基本设计资料，小组间评价补充、教师点评	2	图纸、资料、设计文件、多媒体、图书资源、网络资源
			2. 确定铁路路基工程施工方法	1. 指导学生根据设计资料确定3套可行的施工方案 2. 指导学生综合比选出最优方案 3. 分组汇报答辩，教师点评	2	
			3. 确定铁路路基工程施工工期及进度计划	1. 指导学生划分施工单元 2. 指导学生确定施工工期及进度指标 3. 学生分组绘制施工进度计划横道图及网络图，分组汇报，教师点评	2	
			4. 确定铁路路基工程临时工程及过渡工程	1. 指导学生确定运输便道、铁路便线、临时渡口码头等交通运输工程 2. 指导学生确定临时通信、临时电力、临时给水工程 3. 指导学生确定料场、拌和站、预制场等临时工程 4. 学生分组确定临时工程布置方案、绘制平面施工布置图 5. 分组汇报答辩	2	

续上表

序号	项　目	能 力 要 求	工 作 过 程	教学过程设计	参考学时	教 学 资 源
1	项目一 铁路路基工程施工组织设计	**知识**： 掌握铁路路基工程施工组织设计的编制方法和要点 **技能**： 能在老师的指导下熟悉铁路路基工程施工组织设计的编制工作内容及程序 **素质**： 培养认真的学习态度和严谨的工作态度	5. 确定铁路路基工程资源配置方案	1. 指导学生确定机械设备配置方案、编制机械设备配置表 2. 指导学生确定物资材料配置、编制物资设备采购计划 3. 指导学生确定人力资源配置、确定人力资源需求和使用计划	2	图纸、资料、设计文件、多媒体、图书资源、网络资源
2	项目二 铁路桥涵工程施工组织设计	**知识**： 掌握铁路桥涵工程施工组织设计的编制方法和要点 **技能**： 能在老师的指导下完成铁路桥涵工程施工组织设计的主要工作内容 **素质**： 培养学生的思考能力和学习能力	1. 铁路桥涵工程施工组织设计准备工作	1. 分组查阅相关设计文件 2. 分组熟悉设计资料 3. 分组汇报、小组互评、教师点评	1	图纸、资料、设计文件、多媒体、图书资源、网络资源
			2. 确定铁路桥涵工程施工方法	1. 分组初选施工方案 2. 分组比选最优方案 3. 分组汇报、小组互评、教师点评	2	
			3. 确定铁路桥涵工程施工工期及进度计划	1. 分组确定施工工期及施工进度 2. 分组绘制施工进度计划横道图、网络图 3. 分组汇报、小组互评、教师点评	2	
			4. 确定铁路桥涵工程施工临时工程及过渡工程	1. 确定临时运输、通信、电力、给水工程 2. 分组汇报、小组互评、教师点评	1	
			5. 确定铁路桥涵工程施工资源配置方案	1. 确定机械设备配置方案 2. 确定材料、设备采购方案 3. 确定人力资源配置方案 4. 分组汇报、小组互评、教师点评	2	

续上表

序号	项目	能力要求	工作过程	教学过程设计	参考学时	教学资源
3	项目三 铁路隧道工程施工组织设计	**知识:** 掌握铁路隧道工程施工组织设计的编制方法和要点 **技能:** 能在老师的辅助下编制一套完整的铁路隧道工程施工组织设计报告 **素质:** 培养学生相关知识类比运用的能力	1. 熟悉铁路隧道工程施工组织设计资料	查阅、熟悉设计资料	1	图纸、资料、设计文件、多媒体、图书资源、网络资源
			2. 确定铁路隧道工程施工方案	1. 编制施工准备 2. 确定施工工序总体安排 3. 确定主要工序和特殊工序的施工方法	1	
			3. 确定铁路隧道工程工期及安排进度	1. 绘制施工进度横道图 2. 绘制施工进度计划表 3. 确定工期保障措施	1	
			4. 确定铁路隧道工程施工现场平面布置	1. 确定临设及过渡工程 2. 绘制施工平面布置图	1	
			5. 确定铁路隧道工程施工劳动力计划及主要设备	1. 安排劳动力计划 2. 确定主要设备	1	
			6. 安排铁路隧道工程施工组织设计其他措施	1. 确定工期主要保障措施 2. 确定质量保证措施 3. 确定安全保障措施 4. 确定水保、环保措施	1	
4	项目四 铁路轨道工程施工组织设计	**知识:** 掌握铁路轨道工程施工组织设计的编制方法和要点 **技能:** 能根据铁路轨道工程施工组织设计指南要求,编制一套完整的轨道工程组织设计报告 **素质:** 培养学生独立思考的能力和知识灵活应用的能力	1. 铁路轨道工程施工组织设计编制准备	根据所给基本资料,熟悉编制方法	1	图纸、资料、设计文件、多媒体、图书资源、网络资源
			2. 铁路轨道工程施工组织设计主体编制	1. 确定施工方案 2. 确定工期,安排进度 3. 确定施工现场平面布置 4. 确定劳动力计划及主要设备 5. 确定其他措施	3	
			3. 铁路轨道工程施工组织设计审核	分组汇报、小组互评、教师点评	2	

续上表

序号	项　目	能 力 要 求	工 作 过 程	教学过程设计	参考学时	教 学 资 源
5	项目五 铁路工程预算	**知识：** 掌握铁路工程项目预算文件编制的方法和要点 **技能：** 能编制一套完整的铁路工程项目预算文件 **素质：** 培养学生严谨的工作态度、思考能力、学习能力和灵活运用知识的能力	1. 铁路工程项目预算文件编制准备	1. 识读×××铁路工程施工图 2. 根据×××铁路施工图及施工组织计算、复核工程量	6	图纸、资料、设计文件、多媒体、图书资源、网络资源、预算软件
			2. 阅读铁路工程项目预算文件编制要求	1. 阅读编制文件 2. 根据现行《铁路工程概预算文件编制办法》及施工组织对其进行预算文件列项	6	
			3. 套用定额	1. 根据×××铁路工程施工图，套用预算定额 2. 确定人工、材料、机械费台班各自的单价	4	
			4. 计算相关费用	1. 计算本项目各分项子目的人工费 2. 计算本项目各分项子目的材料费 3. 计算本项目各分项子目的机械费 4. 计算间接费、利润及税金	8	
			5. 应用软件编制预算书	1. 应用预算软件，编制×××铁路工程预算书 2. 应用软件，编制×××铁路工程量清单报价	8	
			6. 预算书审核	分组汇报预算书内容、小组互评、教师评价	2	
合计					64	

(3)教学方法。教学过程中应注意充分调动学生的主动性和积极性,避免"满堂灌"的传统教学方法,注重"教"与"学"的互动。可以对学生进行分组,每组 6 ~ 7 人,各组任命 1 名学生作为辅教,以小组为单位参加课堂及实践教学环节,考核成绩与小组的综合评定成绩相关。

老师从知识传授者的角色转为学生学习过程的组织者、咨询者和指导者,使教学过程向学生自觉学习过程转化。每项工作任务完成后,各小组提交一份成果报告。

(4)积极引导学生提升职业素养,提高职业道德,形成较好的安全意识、合作意识、创新精神。

(三)教学考核评价建议

1. 评价方式

本课程采用考核评价和过程评价相结合的方式。对学生的知识与技能掌握程度、学生的知识综合运用能力、团结协作和语言表达等社会能力以及在实训过程中表现出来的个人素质进行综合评价。

2. 教学评价

课程教学评价,突出过程评价,结合课堂提问、实训活动、阶段测试、测验等手段,加强实践性教学环节的考核。评价时注重学生动手能力和分析、解决问题的能力,对在学习和应用上有创新的学生应在评定时给予鼓励。

课程教学采用"百分制"进行评价,完成平时学习任务占 50 分,期末考试成绩占 50 分(期末考试成绩来源于施工组织设计编制及分项工程概算编制两次大作业)。考核评价中突出平时的技能训练、出勤、安全、态度、团队精神等。

(四)课程资源的开发与利用

(1)建立多媒体课程资源的数据库,实现多媒体资源的共享,以提高课程资源利用效率。

(2)开发并应用幻灯片、视频、Flash 动画、网络课件、微课程等教学资源,调动学生学习的积极性、主动性及创造性。

(3)利用计算机软件模拟工程项目管理工作及概预算编制工作,提升学生职业能力。

(五)其他说明

(1)本课程标准适用于新疆交通职业技术学院铁道工程技术专业。

(2)鉴于新疆高职生源的特点,在课程实施中要编好班组,宜于取长补短,共同提高。

(3)在项目化教学时要适时提供相关资料的索引,让学生自己去查阅,充分调动学生自主学习的积极性。

第四部分

专业拓展、综合实践课程标准

课程 12　轨道工程测量

课程名称:轨道工程测量
课程性质:专业拓展课
计划学时:64 学时
适用专业:铁道工程技术

一、前言

(一)课程定位

轨道工程测量是铁道工程技术专业的一门拓展课。本课程是在修完测量仪器使用与数据处理课程及相关专业核心课程以后,为培养学生轨道线路测量、隧道施工测量、桥梁施工测量、高铁精密控制网复测、高铁轨道施工测量、建筑物变形检测等技能而开设的专业测量课程。

(二)教学设计思路

以项目为驱动,设计项目课程,分为七个项目:项目一:线路测量;项目二:桥梁测量;项目三:隧道测量;项目四:CPⅢ测量;项目五:CPⅣ测量;项目六:双块式无碴轨道测量;项目七:构筑变形监测。项目与项目之间并行结构,按照类型进行分项目实施。

二、课程目标

(一)知识目标

(1)掌握直线、圆曲线、缓和曲线的中桩、边桩坐标计算及放样方法。
(2)熟悉非完整曲线的中桩、边桩坐标计算及放样方法。
(3)掌握竖曲线、超高计算及高程放样方法。
(4)掌握桥梁控制网的布设、外业测量方法。
(5)掌握桥梁放样方法。
(6)掌握隧道断面测量的方法。
(7)熟悉隧道控制网的布设、测量。
(8)掌握隧道监控量测的方法。
(9)熟悉 CP0、CPⅠ、CPⅡ控制网的布设、观测方法。
(10)掌握 CPⅢ控制网建立、外业观测和数据处理方法。
(11)掌握 CPⅣ控制网建立、外业观测和数据处理方法。
(12)掌握高铁变形监测技术设计、外业观测及数据处理方法。
(13)掌握轨排粗调、精调,板式无碴轨道板粗调、精调的方法。

(14)掌握轨道精调的方法。

(二)技能目标

(1)具备直线、圆曲线、缓和曲线的中桩、边桩坐标计算及放样的能力。
(2)具备竖曲线、超高计算及高程放样的能力。
(3)具备桥梁控制网布设、测量的能力。
(4)具备桥梁测量放样的能力。
(5)具备隧道控制网布设、测量的能力。
(6)具备隧道断面测量的能力。
(7)具备隧道监控量测的能力。
(8)能熟练运用水准仪、全站仪、RTK 等仪器的能力。
(9)能进行 CPⅠ、CPⅡ的外业观测及数据处理。
(10)能够进行 CPⅢ、CPⅣ测量及数据处理。
(11)能进行高铁构筑物变形监测技术设计、外业观测及数据处理。
(12)能进行双块式轨排粗调、精调测量。
(13)能进行轨道精调测量。
(14)具备理解规范、标准的能力。
(15)具备检查原始观测数据、复核测量成果、判断的能力。
(16)具备制订、实施工作计划的能力。

(三)素质目标

(1)具备团队协作的能力。
(2)具备吃苦耐劳、拼搏争先的精神。
(3)具备爱岗敬业、诚实守信的职业道德。

三、课程内容与要求(表 4-1)

轨道工程测量课程内容与要求 表 4-1

<table>
<tr><th>序号</th><th>项目</th><th>能 力 要 求</th><th>工作过程</th><th>教学活动设计</th><th>参考学时</th><th>教学资源</th></tr>
<tr><td rowspan="5">1</td><td rowspan="5">线路测量</td><td rowspan="5">知识:
1. 能阅读曲线要素表
2. 能计算线路中桩、边桩坐标
3. 掌握全站仪、RTK 中桩放样方法
4. 掌握全站仪、RTK 渐近法边桩放样方法
5. 掌握竖曲线计算方法
技能:
1. 能阅读曲线要素表
2. 能计算线路中桩、边桩坐标
3. 能进行全站仪、RTK 中桩放样
4. 能进行全站仪、RTK 渐近法边桩放样方法
5. 能进行竖曲线计算
素质:
1. 培养认真的学习态度及解决实际问题的能力
2. 具备综合分析、解决实际问题的能力</td><td rowspan="3">曲线中边桩坐标计算</td><td>布置任务</td><td>1</td><td rowspan="5">1. 测量设备
2. 地隧软件
3. 轨道实训基地</td></tr>
<tr><td>利用曲线要素表、CASIO 可编程计算器进行曲线中边桩坐标计算</td><td>2</td></tr>
<tr><td>教师评价</td><td>1</td></tr>
<tr><td rowspan="2">中边桩及高程放样</td><td>布置任务,利用水准仪、全站仪、RTK 进行放样</td><td>4</td></tr>
<tr><td>教师评价</td><td>1</td></tr>
</table>

续上表

<table>
<tr><th>序号</th><th>项目</th><th>能 力 要 求</th><th>工作过程</th><th>教学活动设计</th><th>参考学时</th><th>教学资源</th></tr>
<tr><td rowspan="9">2</td><td rowspan="9">桥梁测量</td><td rowspan="9">知识：
掌握桥梁细部结构坐标计算及放样的方法
技能：
1. 能进行桥梁控制网加密及测量
2. 能对桥梁细部结构进行放样
素质：
1. 培养认真的学习态度及解决实际问题的能力
2. 具备综合分析、解决实际问题的能力</td><td rowspan="3">桥梁独立控制网的测设</td><td>布置任务</td><td>1</td><td rowspan="9">1. 测量设备
2. 地隧软件
3. 轨道实训基地</td></tr>
<tr><td>对某桥梁进行控制网加密及测量</td><td>2</td></tr>
<tr><td>教师评价</td><td>1</td></tr>
<tr><td rowspan="3">桥梁下部结构的坐标计算及放样</td><td>布置任务</td><td>1</td></tr>
<tr><td>结合各种方法、工具对桥梁的下部结构进行坐标计算及放样</td><td>2</td></tr>
<tr><td>教师评价</td><td>1</td></tr>
<tr><td rowspan="3">桥梁上部结构的坐标计算及放样</td><td>布置任务</td><td>1</td></tr>
<tr><td>结合各种方法、工具对桥梁的上部结构进行坐标计算及放样</td><td>2</td></tr>
<tr><td>教师评价</td><td>1</td></tr>
<tr><td rowspan="6">3</td><td rowspan="6">隧道测量</td><td rowspan="6">知识：
1. 掌握隧道控制测量的方法
2. 掌握隧道断面放样的方法
技能：
1. 能进行隧道控制测量
2. 能进行隧道断面放样
素质：
1. 培养认真的学习态度及解决实际问题的能力
2. 具备综合分析、解决实际问题的能力</td><td rowspan="3">隧道洞外、洞内控制测量</td><td>布置任务</td><td>1</td><td rowspan="6">1. 测量设备
2. 地隧软件
3. 轨道实训基地</td></tr>
<tr><td>对隧道实体进行洞外 GPS 控制测量、洞内导线加密</td><td>2</td></tr>
<tr><td>教师评价</td><td>1</td></tr>
<tr><td rowspan="3">隧道断面测量</td><td>布置任务</td><td>1</td></tr>
<tr><td>根据具体的施工工艺对隧道实体内特定断面进行坐标计算并放样</td><td>2</td></tr>
<tr><td>教师评价</td><td>1</td></tr>
<tr><td rowspan="6">4</td><td rowspan="6">CPⅢ测量</td><td rowspan="6">知识：
1. 掌握 CPⅢ点位布设、观测方法
2. 掌握 CPⅢ数据处理方法
技能：
1. 能进行 CPⅢ外业观测
2. 能进行 CPⅢ数据处理
素质：
1. 培养认真的学习态度及解决实际问题的能力
2. 具备综合分析、解决实际问题的能力</td><td rowspan="3">CPⅢ的外业观测</td><td>布置任务</td><td>1</td><td rowspan="6">1. 测量设备
2. 地隧软件
3. 轨道实训基地</td></tr>
<tr><td>对实训基地的 CPⅢ点进行外业观测</td><td>2</td></tr>
<tr><td>教师评价</td><td>1</td></tr>
<tr><td rowspan="3">CPⅢ数据处理</td><td>布置任务</td><td>1</td></tr>
<tr><td>对 CPⅢ外业采集数据，利用后处理软件进行平差、处理、分析</td><td>2</td></tr>
<tr><td>教师评价</td><td>1</td></tr>
</table>

续上表

序号	项目	能力要求	工作过程	教学活动设计	参考学时	教学资源
5	CPIV测量	**知识：** 1. 掌握CPIV点位布设、观测方法 2. 掌握CPIV数据处理方法 **技能：** 1. 能进行CPIV外业观测 2. 能进行CPIV数据处理 **素质：** 1. 培养认真的学习态度及解决实际问题的能力 2. 具备综合分析、解决实际问题的能力	CPIV的外业观测	布置任务	1	1. 测量设备 2. 地隧软件 3. 轨道实训基地
				对实训基地的CPIV点进行外业观测	2	
				教师评价	1	
			CPIV数据处理	布置任务	1	
				对CPIV外业采集数据，利用后处理软件进行平差、处理、分析	1	
				教师评价	1	
6	双块式无碴轨道测量	**知识：** 1. 掌握CPⅢ点位布设、观测方法 2. 掌握CPⅢ数据处理方法 **技能：** 1. 能进行CPⅢ外业观测 2. 能进行CPⅢ数据处理 **素质：** 1. 培养认真的学习态度及解决实际问题的能力 2. 具备综合分析、解决实际问题的能力	底座边线放样	布置任务	1	1. 测量设备 2. 地隧软件 3. 轨道实训基地
				通过给定的设计图纸，通过坐标计算，再进行底座边线放样	2	
				教师评价	1	
			轨排粗调、精调	布置任务	1	
				对实训基地的轨排进行粗调、精调测量	2	
				教师评价	1	
7	构筑变形监测	**知识：** 1. 路基变形监测方法 2. 桥梁变形监测方法 3. 隧道变形监测方法 **技能：** 1. 能进行路基变形监测及数据处理 2. 能进行桥梁变形监测及数据处理 3. 能进行隧道变形监测及数据处理 **素质：** 1. 培养认真的学习态度及解决实际问题的能力 2. 具备综合分析、解决实际问题的能力	路基变形监测	布置任务	1	1. 测量设备 2. 地隧软件 3. 轨道实训基地
				对实训基地进行路基变形监测及数据处理	2	
				教师评价	1	
			桥梁变形监测	布置任务	1	
				对实训基地进行桥梁变形监测及数据处理	2	
				教师评价	1	
			隧道变形监测	布置任务	1	
				对实训基地进行隧道变形监测及数据处理	2	
				教师评价	1	
总计					64	

四、实施建议

（一）教材选用和编写建议

1. 教材选用

本课程教材建议使用人民交通出版社出版、王劲松主编的《轨道工程测量》。

2. 教材编写原则与要求

可自编教材。教材编写时,内容应该与本课程的编排模块基本一致,容量上应该至少多于规定课时大约 10 课时的内容,这部分内容主要用于学生课外阅读与自行提升。

3. 教材、教学参考资料使用建议

主要参考书及参考资料:

(1)秦长利,地铁工程测量,中国建筑工业出版社,2008.

(2)张志刚,线桥隧测量,西南交通大学出版社,2008.

(3)王兆祥,铁道工程测量,中国铁道出版社,2002.

(4)周建郑,铁道工程测量,化学工业出版社,2007.

(5)张坤宜,交通土木工程测量,武汉大学出版社,2003.

(6)城市轨道交通工程测量规范(GB 50308—2008),中国计划出版社。

(7)工程测量规范(GB 50026—2007), 中国计划出版社。

(8)铁路工程测量规范(TB 10101—2009),中国铁道出版社。

(二)教学考核评价建议

课程考核包括项目教学过程考核和项目教学理论考核两部分。其中,过程考核包括项目教学考核和项目作业成果考核。

(1)项目教学考核内容包括仪器操作能力、参与实习态度、数据处理能力、实习总结能力、上课出勤状况、课堂学习状况等,考核的目的是检验学生技能的掌握情况。具体考核办法为:仪器操作能力、参与实习态度、数据处理能力、实习总结能力、上课出勤状况、课堂学习状况各占 10%。

(2)项目作业成果考核内容包括资料查阅能力、项目参与能力、方案参与工作量、作业完成状况等,考核的目的是动态地、及时地考核学生对基本知识点的掌握情况,督促学生配合小组工作,共同完成项目。具体考核办法包括:资料查阅能力、项目参与能力、方案参与工作量、作业完成状况各占 10%。

项目教学理论考核为综合测试。综合测试题从题库中选择,题型包括选择题、名词解释题、简答题、论述题及案例分析题,主要考核学生对所学知识的综合应用能力。

(三)课程资源的开发与利用

(1)注重课程资源和现代化教学资源的开发和利用,激发学生的学习兴趣,促进学生对知识的理解和掌握。同时,建议加强课程资源的开发,建立多媒体课程资源的数据库,实现资源共享,以提高课程资源利用效率。

(2)积极开发和利用网络课程资源,使教学方式和教学手段更加趋向合理。

(3)校企合作积极拓展实习教学资源建设,建立实习实训基地,实践"工学"交替,满足学生实习实训需要,同时为学生提供就业机会。

(4)完善校内实习实训基地建设,满足学生综合职业能力培养的要求。

(四)其他说明

本课程标准适用于新疆交通职业技术学院铁道工程技术专业。

课程 13　CAD 技术与工程软件应用

课程名称:CAD 技术与工程软件应用
课程性质:专业拓展课
建议学时: 16 学时
适用专业:铁道工程技术

一、前言

(一)课程定位

CAD 技术与工程软件应用属于铁道工程技术专业的一门专业拓展课程。课程设置的目的是通过知识学习与技能的实践,熟悉和应用 CAD 软件以及与工程相关的其他设计软件,例如涵洞设计软件和挡墙设计软件等,使学生可以在毕业后能直接从事计算机绘图工作、计算机辅助设计工作或其他技术辅助工作。这门课程有很强的实践性和操作性。

(二)教学设计思路

本课程标准的总体设计思路是:首先掌握计算机辅助设计软件(AutoCAD)的基础知识,在具体应用软件功能过程中,根据实际工作任务,在教学过程中紧紧围绕完成工作任务的需要选择教学内容,设定课程能力培养目标;其次以“小结工作”为主线,强化学生实践动手能力的培养。

二、课程目标

(一)知识目标

(1)熟练掌握 AutoCAD2010 的安装及操作界面。
(2)应用 AutoCAD2010 二维绘图方法。
(3)应用 AutoCAD2010 二维图的修改方法。
(4)应用海地测设功能进行坐标及放样计算。
(5)了解海地挡土墙菜单命令的操作。
(6)了解海地涵洞软件的菜单命令的操作。

(二)技能目标

(1)掌握 AutoCAD 软件的基本操作技能。
(2)能利用 AutoCAD 和其他设计软件进行施工图绘制。
(3)能够处理整套图纸并输出合格的 CAD 图。

(三)素质目标

养成严谨、细致、一丝不苟、对数据认真负责的良好品质,为发展职业能力奠定良好的基础。

三、课程内容与要求(表4-2)

CAD技术与工程软件应用课程内容与要求 表4-2

项目	能力要求	工作过程	教学活动设计	参考学时	教学资源
平面图形的绘制	**知识:** CAD文件的管理、图层设置;绘图命令、编辑命令、尺寸标注、文字的编辑;进行图形的输出打印 **技能:** 能熟练掌握和应用相应的绘图和编辑命令、快速图样的标注、并输出打印 **素质:** 严格遵守制图规范,培养认真、严谨的工作态度	1.设置图样的绘图环境	1.文件的基本操作——命名学号+姓名+日期为文件名 2.设置绘图界限——以A3图幅尺寸为例 3.设置图样的单位及绘图区颜色——单位mm,绘图区颜色为白色 4.新建图样图层	2	1.设备:电脑 2.软件:AutoCAD2010 3.资源库:二维CAD练习图库 4.资源库:三维CAD练习图库
		2.简单图形的绘制与编辑	1.绘制标准A3图框 2.绘制五角星 3.绘制图库其他简单平面图形	8	
		3.文字的输入与表格的插入	1.仿宋字体文字样式创建 2.标题栏的文字输入 3.备注表格的插入	2	
		4.图形的尺寸标注	1.设置尺寸标注的样式 2.简单图形的尺寸标注(已绘制)	2	
		5.图形的输出与打印	1.打印样式的设置 2.给定图形的输出打印 3.绘制图形的输出打印	2	
合计				16	

四、实施建议

(一)教材选用和编写建议

1.教材选用

本课程教材暂使用清华大学出版社出版的由许国玉主编的《AutoCAD培训教程》。主要参考书及参考资料:陈忻主编的《公路CAD》,中国劳动社会保障出版社出版。

本教材基本上能满足教学,为了更好地完成教学内容和实现教学目标,后续也考虑本课程团队根据课程标准进行教材的编写。

2.教材编写原则与要求

必须依据本课程标准编写教材,应充分体现任务引领、实践导向的课程设计思想。

教材应将本专业职业活动，分解成若干典型的工作项目，按完成工作项目的需要和岗位操作规程，结合职业技能证书考证组织教材内容。

教材应图文并茂，提高学生的学习兴趣，加深学生对 CAD 技术与工程软件的认识和理解。教材表达必须精炼、准确、科学。

教材中的活动设计的内容要具体，并具有可操作性。

3. 教学参考资料使用建议

由于制图标准与 CAD 标准往往会更新，所以在选择参考资料时，应注意采用新标准的参考资料。

（二）教学建议

（1）在教学过程中，应立足于加强学生实际操作能力的培养，采用项目教学，以工作任务引领提高学生学习兴趣，激发学生的成就动机。

（2）本课程教学的关键是案例分析教学，应选用典型工程案例为载体，在教学过程中，教师示范和学生分组讨论、训练互动，学生提问与教师解答、指导有机结合，让学生在"教"与"学"过程中，掌握相关知识。

（3）在教学过程中，要创设工作情境，同时应加大实践实操的容量，要紧密结合职业技能证书的考证，加强考证的实操项目的训练，在实践实操过程中，使学生掌握软件的操作流程，提高学生的岗位适应能力。

（4）在教学过程中，要应用多媒体、投影等教学资源辅助教学，帮助学生熟悉企业使用软件的操作要点。

（5）教学过程中教师应积极引导学生提升职业素养，提高职业道德。

（三）教学考核评价建议

（1）改革传统的学生评价手段和方法，采用阶段评价、过程性评价与目标评价相结合。完成每个教学情境的任务后，要进行学生自我评价、组内互评和教师评价，评价内容包括实验实训成果、相互协作、自我学习、动手能力和实践中分析问题、解决问题能力等项目，以评价结果作为该教学情境的考核分数。

（2）平时成绩结合课堂提问、平时测验、学生作业、技能竞赛、项目成果考核及道路工程仿真软件考核情况，对在学习和应用上有创新的学生应予特别鼓励，全面综合评价学生能力。

（3）总评成绩 = 平时成绩（20%）+ 完成教学情境工作任务平均成绩（40%）+ CAD 竞赛考核成绩（40%）。

（四）课程资源的开发与利用

（1）注重课程资源和现代化教学资源的开发和利用，这些资源有利于创设形象生动的工作情境，激发学生的学习兴趣，促进学生对知识的理解和掌握。同时，建立多媒体课程资源的数据库，努力实现跨学校多媒体资源的共享，以提高课程资源利用效率。

（2）积极开发和利用网络课程资源，充分利用诸如电子书籍、电子期刊、数据库、数字图书馆、教育网站和电子论坛等网上信息资源，使教学从单一媒体向多种媒体转变、教学活动从信息的单向传递向双向交换转变、学生单独学习向合作学习转变。

（3）产学合作开发实验实训课程资源，充分利用本行业典型的生产企业的资源，进行产学合作，建立实习实训基地，实践"工学"交替，满足学生的实习实训需要，同时为学生的就业创造机会。

(4)建立本专业开放实训中心,使之具备现场教学、试验实训、职业技能证书考证的功能,实现教学与实训合一、教学与培训合一、教学与考证合一,满足学生综合职业能力培养的要求。

(5)在资料方面,必要时在课程学习中提供CAD网站方面的信息与资料查找。

(五)其他说明

本课程标准仅适用于新疆交通职业技术学院铁道工程技术专业。

课程 14　铁路设计基础

课程名称：铁路设计基础
课程性质：专业拓展课
建议学时：64 学时
适用专业：铁道工程技术

一、前言

（一）课程定位

铁路设计基础是铁道工程技术专业的一门专业拓展课，其功能是使学生对铁路设计的基本理论、规划知识和设计方法有一定的了解，并能进行简单的铁路线路平、纵、横设计。同时，培养学生准确运用国家现行铁路工程设计标准、铁路路线设计规范规程的能力。

（二）教学设计思路

本课程的总体设计思路是：紧紧围绕完成工作任务的需要来选择课程内容；变知识学科本位为职业能力本位，打破传统的以“了解”、“掌握” 为特征设定的学科型课程目标，从“任务与职业能力”分析出发，设定职业能力培养目标；变书本知识的传授为动手能力的培养，打破传统的知识传授方式，以“工作任务”为主线，创设工作情境，培养学生的实践动手能力。

二、课程目标

（一）知识目标

（1）理解铁路工程相关专业术语。

（2）了解铁路分级、铁路设计原则和依据，铁路设计各阶段的工作内容。

（3）了解铁路工程相关技术标准、设计规范。

（4）掌握铁路平、纵、横的相关计算和设计图纸的绘制。

（二）技能目标

（1）能运用测量学的原理，采集道路初测、定测和一次定测中的角度、中桩、水准、横断、地形等资料。

（2）能收集地质、土质、筑路材料、用地、工程概预算等调查资料，能收集小桥涵设计资料。

（3）能应用规范进行简单的线路平面设计、纵断面设计、平面设计。

（4）能简要描述铁路平面交叉口设计要点。

(三)素质目标

(1)通过小组分工协作培养团队意识、责任感。

(2)通过完成工作任务培养学生独立工作能力、创新意识。

(3)通过综合课程设计培养学生查询有效资料、正确运用设计标准的能力。

三、课程内容与要求(表4-3)

铁路设计基础课程内容与要求　　表4-3

序号	项　目	能力要求	工作过程	教学过程设计	参考学时	教学资源
1	项目一 铁路新线设计	**知识:** 1. 列车上的各种制动力 2. 牵引质量计算与检查 3. 单位合力曲线图及其应用 4. 铁路通过能力和输送能力 5. 区间线路平面设计 6. 区间线路纵断面设计 7. 铁路定线的基本原则及方法 8. 中间站平面设计 **技能:** 1. 能进行区间线路平面设计 2. 能进行区间线路纵断面设计 3. 能描述铁路定线的基本原则及方法 4. 能进行中间站平面设计 **素质:** 1. 通过完成工作任务单培养学生独立工作能力 2. 通过综合课程设计培养学生查询有效资料、正确运用设计标准的能力	1. 进行区间线路平面设计 2. 进行区间线路纵断面设计 3. 进行中间站平面设计	1. 教师提供铁路相关资料 2. 分组,5人/组,学生根据资料选择铁路设计方法,并分组进行汇报 3. 制作项目实施行动计划书,小组成员介绍人员分工,制订小组公约 4. 编制设计方案 5. 小组互换审查所编制方案 6. 分组汇报,教师评价	44	1. 相关规范 2. 网络资源 3. 多媒体设备
2	项目二 铁路既有线改造设计	**知识:** 1. 既有线能力加强的措施 2. 既有线平面改建设计 3. 既有线纵断面改建设计 4. 既有线横断面改建设计 5. 纵断面、平面与横断面综合设计 **技能:** 1. 能进行既有线平面改建设计 2. 能进行既有线纵断面改建设计 3. 能进行既有线横断面改建设计 4. 能进行纵断面、平面与横断面综合设计 **素质:** 1. 通过完成工作任务单培养学生独立工作能力 2. 通过综合课程设计培养学生查询有效资料、正确运用设计标准的能力	1. 进行既有线平面设计 2. 进行既有线纵断面设计 3. 进行既有线横断改建设计 4. 进行既有线平、纵、横综合设计	1. 教师提供铁路相关资料 2. 分组,5人/组,学生根据资料选择铁路设计方法,并分组进行汇报 3. 制作项目实施行动计划书,小组成员介绍人员分工,制订小组公约 4. 编制设计方案 5. 小组互换审查所编制方案 6. 分组汇报,教师评价	14	1. 相关规范 2. 网络资源 3. 多媒体设备

续上表

序号	项　目	能 力 要 求	工作过程	教学过程设计	参考学时	教学资源
3	项目三 铁路第二线设计	**知识：** 1. 第二线平面设计 2. 第二线纵断面设计 3. 第二线横断面设计 **技能：** 1. 能进行第二线平面设计 2. 能进行第二线纵断面设计 3. 能进行第二线横断面设计 **素质：** 1. 通过完成工作任务单培养学生独立工作能力 2. 通过综合课程设计培养学生查询有效资料、正确运用设计标准的能力	1. 进行第二线平面设计 2. 进行第二线纵断面设计 3. 进行第二线横断改建设计 4. 进行第二线平、纵、横综合设计	1. 教师提供铁路相关资料 2. 分组，5 人/组，学生根据资料选择铁路设计方法，并分组进行汇报 3. 制作项目实施行动计划书，小组成员介绍人员分工，制订小组公约 4. 编制设计方案 5. 小组互换审查所编制方案 6. 分组汇报，教师评价	6	1. 相关规范 2. 网络资源 3. 多媒体设备
合计					64	

四、实施建议

(一)教材选用和编写建议

1. 教材选用

本课程目前采用的主教材是中国铁道出版社出版、张全良主编的《铁路设计基础》。

2. 教材编写原则与要求

现有教材能适应教学需求，暂时不需要新编教材。

3. 教学参考资料使用建议

(1)《铁路线路设计规范》(2006)。

(2)《铁路车站及枢纽设计规范》(2006)。

(2)《新建时速 300 ~350 公里客运专线铁路设计暂行规定》(2007)。

(二)教学建议

1. 对教师的建议

教师必须对所讲内容有准确清晰的认识，同时应当具有一定的教学经验。建议教师经常相互交流与探讨，使课程更具趣味性和实用性。

教师要善于学习并掌握工作过程课程设计理念和基于行动导向的教学模式；应当认真学习并掌握多种先进的教学方法，应积极在课堂实践先进的教学方法。教师还应具有良好的职业道德和责任心。

2. 教学组织设计的建议

采用任务引领式教学，以工作任务引领提高学生学习兴趣，激发学生的成就动机。

(三)教学考核评价建议

评价是教学过程中必不可少的环节，是教师了解教学过程，调控教学行为的重要手段。教学评价的目的在于了解学生的学习状况、发现教学中的缺陷，为改进教学提供依据。

建议本课程考核采用如下形式：

总成绩 = 平时成绩（20%）+ 项目汇报（20%）+ 过程性考核（30%）+ 笔试成绩（30%）

（1）平时成绩主要根据考勤、作业评价，教师对学生每次的作业情况有评价、有记录，作为平时成绩考核指标之一。

（2）项目汇报是看学生的课程反应能力。

（3）过程性考核，看学生对每个项目的掌握程度。

（4）卷面考试采用教考分离，使卷面成绩能正确反映学生对知识的掌握程度，做到考核公平。

（四）课程资源的开发与利用

课程资源是决定课程目标是否有效达成的重要因素。课程资源应该具备开放性特点，适应于学生的自主学习、主动探究。

1. 大力开发和充分利用课程资源

必须大力开发与课程相关的教学设计、教学课件、教学视频等教学资源建设。

2. 进一步加强信息技术资源开发

完善课程资源，加强工程结构用软件开发设计，开发网络课程，进一步丰富课程信息技术资源，使之更加适合学生的自主学习。

（五）其他说明

本课程标准适用于新疆交通职业技术学院铁道工程技术专业。

课程 15　公路概论

课程名称:公路概论
课程性质:专业拓展课
建议学时:32 学时
适用专业:铁道工程技术

一、前言

(一)课程定位

本课程是铁道工程技术专业的一门专业拓展课程,主要是让铁道工程技术专业学生对公路交通有宏观了解与认识,拓宽学生的知识面,有利于学生在公路建设行业就业。

(二)教学设计思路

本课程主要按照公路工程的组成部分设置路线、路基、路面、桥梁、涵洞、隧道等学习项目,此外还设置了公路的养护、公路与环境等方面的课程内容。课程以讲授为主,同时结合参观见习,旨在通过学习,让学生了解公路组成结构及其他相关知识。在教学过程中,选择具有代表性的公路工程施工现场进行课程内容的实践。

二、课程目标

(一)知识目标

(1)能描述我国的公路现状和规划,公路等级、基本组成及高速公路概况。

(2)能初步掌握路线平、纵、横的基本概念和路线交叉的基本形式。

(3)能初步掌握路基、防护、排水设施的基本组成和路基施工的基本方法。

(4)能初步掌握路面的各种形式,路面的防滑措施及各种路面施工的基本方法。

(5)能初步掌握桥梁的基本组成,桥梁上、下部的基本构造及设计要点。

(6)能初步掌握交通工程设施的种类、作用及部位。

(二)技能目标

(1)能够运用公路工程概论所学基本知识,通过观察和分析,对公路及公路相关结构物有更为深刻的认识。

(2)能够正确描述公路及各种相关结构物的构造与组成。

(3)能够通过学习,掌握公路及相关结构物的简单施工步骤及主要部分的设计要点。

（三）素质目标

通过本课程的学习，能提高学生自主学习能力、勤奋学习的精神，交流合作能力、组织协调能力，培养树立吃苦耐劳、勤奋工作的意识以及诚实、守信的优秀品质，具备团结协作、勇于创新的精神。

三、课程内容与要求（表4-4）

四、实施建议

（一）教材选用和编写建议

1. 教材选用

本课程目前采用的教材是由人民交通出版社出版，高红宾 、舒国明主编的《公路概论》，是交通土建高职高专统编教材。

2. 教材编写原则与要求

必须依据本课程标准编写教材，应充分体现任务引领、实践导向课程的设计思想。

（二）教学建议

（1）本课程教学的关键是现场教学，应选用典型的公路工程为载体，在教学过程中，学生分组，将学生提问与教师解答、指导有机结合，让学生在“教”与“学”过程中，进行公路工程全面的认识学习。

（2）在教学过程中，要应用多媒体、投影等教学资源辅助教学，帮助学生熟悉工地现场的施工过程及控制要点。

（3）教学过程中教师应积极引导学生提升职业素养，提高职业道德。

（三）教学考核评价建议

（1）改革传统的学生评价手段和方法，采用阶段评价、过程性评价与目标评价相结合，理论与实践一体化的评价模式。

（2）关注评价的多元性，结合课堂提问、学生作业、平时测验、试验实训及考试情况，综合评价学生成绩。

（3）本课程的总评成绩 = 平时成绩 + 参观总结成绩 + 期末考试成绩。其中，平时成绩占30%，参观总结成绩占30%，期末考试成绩占40%。

（四）课程资源的开发与利用

产学合作开发课程资源，充分利用本行业典型的生产企业的资源，进行产学合作，建立实习实训基地，实践“工学”交替，满足学生的实习实训需要，同时为学生的就业创造机会。

（五）其他说明

本课程标准适用于新疆交通职业技术学院铁道工程技术专业。

表 4-4

公路概论课程内容与要求

序号	项目	能力要求	工作过程	教学过程设计	参考学时	教学资源
1	项目一 了解国家公路发展概况	**知识：** 知道现状、规划、公路等级组成及高速公路概况 **技能：** 能够进行等级划分、知道技术标准的内容，知道各组成部分的名称、设计程序和阶段 **素质：** 培养认知和拓展知识的基础学习，提高认真学习的态度	了解各级公路的等级、技术标准与组成及建设程序和阶段	1. 各级公路的等级与技术标准的联系——图片分析 2. 公路的基本组成部分——图片分析 3. 级公路的基本建设程序与阶段——实体图与框架结构图	2	多媒体教学设备
2	项目二 路线	**知识：** 1. 理解路线平、纵、横的基本概念 2. 路线交叉的基本形式 **技能：** 1. 知道路线的基本概念 2. 认识路线的平、纵、横组成与图形，路线交叉的概念 **素质：** 提高公路路线设计的思维和图形认识，培养对设计基础知识的理解和认知能力，培养严谨的学习态度	1. 路线平面图的构成	1. 平面线形组成要素——路线平面图 2. 平曲线图形及过程——参观实体	4	1. 多媒体教学设备 2. 施工图纸 3. 工程仿真实训场
			2. 路线纵断面图的构成	1. 纵断面的组成要素——路线纵断面图 2. 纵断面图形及过程——参观实体		
			3. 路线标准横断面的构成	1. 横断面图的组成要素——路线横断面图 2. 横断面图形及过程——参观实体		
			4. 路线交叉的概念	1. 路线交叉的形式与要素——路线交叉平面图 2. 路线交叉的图形及过程——参观实体		

续上表

序号	项　目	能 力 要 求	工 作 过 程	教学过程设计	参考学时	教 学 资 源
3	项目三 路基	**知识：** 1. 理解路基的特点、要求、分类和性质、路基土的干湿类型 2. 认识路基的基本形式、规定、构造及排水设施 **技能：** 1. 知道路基的特点和要求、分类和性质，路基土的干湿类型 2. 认识与了解路基的基本形式、构造及排水设施 **素质：** 提高公路路基设计的思维和图形认识，培养对设计基础知识的理解和认知能力，培养严谨的学习态度	1. 路基的基本概念	1. 路基的特点和要求、分类和性质——路基横断面图 2. 路基土的干湿类型——参观实验设配	4	1. 多媒体教学设备 2. 施工图纸 3. 工程仿真实训场
			2. 路基的基本形式及有关规定	1. 路基横断面形式——实体图片 2. 路基技术规定、公路用地——参观实体		
			3. 路基排水设施	1. 地面排水设施——图形与名称 2. 地下排水设施——图形与名称		
			4 路基防护与加固	1. 防护设施与种类——图形与名称 2. 路基加固形式、构造图形与名称		
			5. 路基施工概述	1. 准备工作、施工过程——框架图形 2. 路基压实、工作过程——框架图形、参观实体		
4	项目四 路面	**知识：** 1. 理解路面的概念 2. 认识沥青路面、水泥混凝土路面 3. 认识中低级路面与基层结构形式 4. 路面防滑及各种路面施工的基本方法 **技能：** 1. 理解路面的概念 2. 认识沥青路面、水泥混凝土路面、中低级路面与基层结构形式 3. 路面防滑及各种路面施工的基本方法 **素质：** 了解路面设计中，对路面及其功能的认识及设计和处理方法的记忆，培养认真的学习态度	1. 路面的基本概念	1. 路面及其功能和要求——路面图形 2. 路面层次划分、类型与分级——参观实体 3. 结构、影响因素坡度设置——参观实体	4	1. 多媒体教学设备 2. 施工图纸 3. 工程仿真实训场
			2. 沥青路面	1. 材料、类型、厚度 2. 参观实体		
			3. 水泥混凝土路面	1. 构造、厚度和尺寸——路面图形 2. 交通分级及面层厚度范围——实体图形		
			4. 中、低级路面与基层	1. 路面类型与材料 2. 基层结构材料及组合形式——实体图形		
			5. 路面防滑	1. 粗糙度与摩阻系数——实体图形 2. 路面防滑措施——实体图形		
			6. 路面施工	1. 各类不同路面——图形 2. 施工方法与运输方式和机械设备——实体观摩		

续上表

序号	项　目	能力要求	工作过程	教学过程设计	参考学时	教学资源
5	项目五 桥梁	**知识：** 1. 了解桥梁的概念及作用 2. 认识了解桥梁的基本组成和分类及总体设计过程 3. 桥梁的结构分类、构造形式、各部名称及施工过程 **技能：** 1. 理解桥梁的概念 2. 认识了解桥梁的基本组成、分类及总体设计过程 3. 认识理解桥梁的结构分类、构造形式、各部名称及施工过程 **素质：** 认识和记忆桥梁设计与施工的过程，培养认真的学习态度	1. 桥梁的基本概念	1. 桥梁的发展概况——实体图形 2. 国家桥梁发展现状——实体对比	4	1. 多媒体教学设备 2. 施工图纸 3. 工程仿真实训场 4. 桥梁结构模型
			2 桥梁的基本组成和分类	1. 基本组成和尺寸——参观实体 2. 桥梁的分类与作用——实体图对比与参观		
			3. 桥梁总体设计	1. 基本要求、资料、程序——框架图形 2. 立面图和横断面图过程——实体图形 3. 桥型选择的影响因素——实体图形与参观		
			4. 桥梁结构	1. 各类桥梁的上部构造与组成——实体图分析 2. 各类桥梁的下部构造与组成实体图分析		
			5. 桥梁施工	1. 桥梁施工准备工作——框架实体图 2. 各类桥梁施工过程——框架图示		
6	项目六 涵洞	**知识：** 1. 了解涵洞的概念及作用 2. 认识了解涵洞的基本组成、分类及构造 3. 涵洞的施工要点及注意事项 **技能：** 1. 理解涵洞的概念 2. 认识了解涵洞的基本组成和各部名称 3. 认识理解涵洞的结构分类、构造形式及施工过程 **素质：** 认识和记忆涵洞设计与施工的过程，培养认真的学习态度	1. 涵洞的基本概念	1. 组成、分类及选择——实体图示 2. 洞口形式、名称和选择——实体图示	4	1. 多媒体教学设备 2. 施工图纸 3. 工程仿真实训场
			2. 涵洞构造	1. 洞身构造、名称——实体图示 2. 涵洞构造与选择——实体图示		
			3. 涵洞施工要点	1. 各类涵洞施工要点——框架图示 2. 施工注意事项——参观实体		

续上表

序号	项　目	能力要求	工作过程	教学过程设计	参考学时	教学资源
7	项目七 隧道	**知识：** 1. 了解隧道的概念及作用 2. 认识了解隧道设计、构造和类型 3. 认识了解隧道的施工要点及注意事项 **技能：** 1. 理解涵洞的概念 2. 认识了解隧道的基本组成和各部名称 3. 认识理解隧道的结构分类、构造形式及排水和施工过程 **素质：** 认识和记忆隧道设计与施工的过程，培养认真的学习态度	1. 隧道的概念及作用	1. 隧道的类型、依据及作用——实体图示 2. 隧道的发展概况、前景和展望——框架对比图示	4	1. 多媒体教学设备 2. 隧道结构模型 3. 施工仿真实训软件
			2. 隧道设计	1. 分类、基本要求——实体图示 2. 断面设计与施工计划——框架图形		
			3. 隧道的构造	1. 材料、类型、洞门——实体图形 2. 供电系统、通风和照明——实体图形 3. 路面工程、标志标线、机电、消防和避险设施——实体图形		
			4. 防排水设施	排水与防水设施——实体图形		
			5. 隧道施工要点	施工方法——框架图示		
8	项目八 交通工程设施	**知识：** 1. 了解交通工程设施概念及作用 2. 认识了解护栏、隔离栅及交通标志、道路交通标线 **技能：** 1. 理解交通工程设施的概念 2. 认识了解护栏、隔离栅及交通标志、道路交通标线的作用和各部名称 **素质：** 认识和记忆交通工程设施的施工方法，培养认真的学习态度	1. 护栏	1. 位置的划分、形式选择——实体图形比选 2. 作用与任务——参观实体	2	1. 多媒体教学设备 2. 施工图纸 3. 工程仿真实训场
			2. 隔离栅	1. 设置、形式与选择——实体图形比选 2. 作用与任务——参观实体		
			3. 交通标志	1. 分类、支撑方式——实体图形 2. 作用与任务——参观实体		
			4. 道路交通标线	1. 分类、区分——框架图示 2. 作用与任务——参观实体		

续上表

序号	项目	能力要求	工作过程	教学过程设计	参考学时	教学资源
9	项目九 公路环境保护	**知识：** 1. 了解公路环境保护概念及作用 2. 认识了解交通环境、交通生态环境影响与保护、噪声污染与控制、空气污染防治、公路景观的防护 **技能：** 1. 理解交通工程设施的概念 2. 认识了解护栏、隔离栅及交通标志、道路交通标线的作用和各部名称 **素质：** 认识和记忆公路环境保护的重要性，培养认真的学习态度	1. 交通与环境	1. 公路交通的主要环境问题——框架图示 2. 交通环境保护的原则——图形与框架图式	2	1. 多媒体教学设备 2. 相关工程案例影像资料
			2. 交通生态环境影响与保护	1. 公路交通与生态环境及水土保持——实体图示与框架 2. 公路与生物栖境——实体图形对比		
			3. 噪声、空气污染与控制	1. 噪声的危害与控制——实体图形与对比 2. 机动车尾气与沥青烟的控制——参观实体		
			4. 公路景观	1. 公路景观设计的基本思路 2. 公路景观设计应注意的问题——框架图示 3. 高等级公路景观设计的要点——框架图示		
10	项目十 公路养护	**知识：** 1. 了解公路养护概念的、任务和作用 2. 认识了解公路养护和路面养护、桥涵养护的方法 **技能：** 1. 理解公路养护的概念、任务和作用 2. 认识了解公路养护、路面养护、桥涵养护的方法 **素质：** 培养认真的学习态度及分析问题、解决问题的能力	1. 公路养护	1. 目的、任务、政策与措施——图形与框架图式 2. 公路工程养护的分类——图形与框架图式	2	1. 多媒体教学设备 2. 相关工程案例影像资料
			2. 路基养护	1. 路基养护要求、分类——图形与图形实体 2. 常见路基病害的处理——参观实体图形		
			3. 路面养护	1. 路面养护基本概念——实体图形 2. 沥青类和水泥混凝土路面养护——实体图形		
			4. 桥涵养护	1. 工作范围与工程分类——实体图形 2. 养护与加固和涵洞养护——实体图形与框架图式		
合计					32	

课程16　公路施工技术

课程名称:公路施工技术

课程性质:专业拓展课

建议学时:48 学时

适用专业:铁道工程技术

一、前言

(一)课程定位

本课程是铁道工程技术专业的一门专业拓展课程,旨在拓宽铁道工程技术专业学生的知识面。课程主要讲授公路各主要组成部分的施工技术、工艺原理以及公路施工新技术、新工艺的发展。

通过学习和训练,使学生掌握公路工程中各主要组成部分的施工技术及工艺原理,培养学生独立分析和解决公路工程施工中有关施工技术问题的基本能力。由于公路施工实践性强、综合性大、社会性广,工程施工中许多技术问题的解决,均涉及有关学科的综合运用。因此,要求拓宽专业面,扩大知识面,要有牢固的专业基础理论知识,并自觉地进行运用。

(二)教学设计思路

以“工作项目”为主线,创设工作情境;以书本知识的传授变为动手能力的培养为重点,强化学生实践动手能力,以实现职业能力的培养目标。以工作“任务驱动”的纲领设计课堂教学。这仅完成了“教”与“学”的活动过程。“学”为“做”提供丰富的理论,要让学生通过“做”达到训练技能的目的,通过“做”把理论知识转化成岗位工作的能力,同时在“做”的过程中“学”到更多的知识。本课程按照公路施工的基本工序即路基工程、路面工程以及施工质量检查和控制等进行课程内容安排。选择具有代表性的公路施工现场进行课程内容的实践。

二、课程目标

通过任务引领型的项目活动,掌握公路施工的技能和相关理论知识,对各类分项工程的施工工艺流程有一个基本了解,能够承担分项工程施工方案编制,工地现场施工组织管理等工作任务。同时养成诚实、守信、善于沟通和合作的良好品质,为发展职业能力奠定良好的基础。通过对公路施工技术课程的学习,使学生具备以下专业能力、社会能力和方法能力。

(一)知识目标

(1)掌握一般公路各分部分项工程的常规施工工艺、施工方法及包含的原理。

(2)掌握一般公路工程施工中遇到的一些必要计算方法。

(3)熟悉一般公路建筑各分部分项工程施工中容易出现的常见质量、安全问题及质量、安全验收规范。

(4)熟悉一般公路工程施工安装顺序及所需配备的设施和设备。

(二)技能目标

(1)能描述一般公路施工中各个阶段的主要施工工艺流程。

(2)能比较各种施工方法的主要特点并进行选择。

(3)能初步把握各个施工工序过程中的技术要点并进行控制。

(4)根据施工技术规范对每道工序的成品质量进行检查和控制。

(5)能进行常用的施工计算,以确定施工过程中需要的各种数据。

(6)能编制常规项目的施工组织及安全控制方案。

(三)素质目标

(1)培养辩证思维的能力。

(2)具有严谨的工作作风和敬业爱岗的工作态度。

(3)遵纪守法,自觉遵守职业道德和行业规范。

(4)培养分析问题、解决问题的能力。

三、课程内容与要求(表4-5)

四、实施建议

(一)教材选用和编写建议

1. 教材选用

本课程使用人民交通出版社出版、俞高明主编的《公路施工技术》高职高专规划教材。

2. 教材编写原则与要求

现有教材可以满足专业岗位知识和岗位能力的要求。

(二)教学建议

(1)在教学过程中,应立足于加强学生实际操作能力的培养,采用项目教学,以工作任务引领提高学生学习兴趣,激发学生的成就动机。

(2)本课程教学的关键是施工录像模拟及工地现场教学,应选用典型的道路工程施工过程为载体,在教学过程中,教师示范和学生分组讨论、训练互动,学生提问与教师解答、指导有机结合,让学生在“教”与“学”过程中,会进行常用施工方案编制、现场施工的组织。

(3)在教学过程中,要创设工作情境,同时应加大实践实操的容量,在实践实操过程中,使学生掌握施工工艺流程,提高学生的岗位适应能力。

(4)在教学过程中,要应用多媒体、投影等教学资源辅助教学,帮助学生熟悉工地现场的施工过程及控制要点。

(5)在教学过程中,要重视本专业领域新技术、新工艺、新材料发展趋势,贴近工地现场。为学生提供职业生涯发展的空间,努力培养学生参与社会实践的创新精神和职业能力。

(6)教学过程中教师应积极引导学生提升职业素养,提高职业道德。

公路施工技术课程内容与要求

表 4-5

序号	项 目	能 力 要 求	工 作 过 程	教学过程设计	参考学时	教 学 资 源
1	项目一 路基施工	**知识：** 1. 熟悉公路的基本组成 2. 掌握路基的典型断面 3. 掌握路基施工准备工作内容 **技能：** 1. 能确定路基施工的工艺流程、编制路基施工方案 2. 能在现场组织施工，并进行人员设备的合理调配工作 3. 能进行路基施工的质量控制及管理工作 **素质：** 培养学生认真的学习态度和大局意识	1. 土质路基施工 2. 石质路基施工 3. 特殊路基施工	1. 认识路基，室外实训场现场教学 2. 小组讨论确定施工方法，选择机械 3. 课后查阅资料编制施工方案 4. 施工仿真实训软件操作 5. 小组完成任务制作 PPT 汇报	14	1. 专项实训室 2. 仿真实训软件 3. 室外实训场
2	项目二 路基防护及排水施工	**知识：** 1. 理解路基防护及排水设施的作用及设置目的 2. 掌握路基防护及排水设施的组成及形式 **技能：** 1. 能编制施工方案在现场组织施工 2. 能进行质量控制与管理 3. 能进行现场的组织协调工作 **素质：** 培养认真的学习态度及解决实际问题的能力	1. 路基防护与加固工程施工 2. 路基排水工程施工	1. 参观室外实训场，认识路基防护加固与排水工程类型 2. 安排任务小组内分工 3. 课后查阅资料编制施工方案 4. 小组完成任务制作 PPT 汇报	6	
3	项目三 垫层、(底)基层施工	**知识：** 1. 理解路面结构的组成及各部分作用 2. 熟悉粒料类材料与半刚性材料的特点 **技能：** 1. 能编制施工方案在现场组织施工 2. 能进行质量控制与管理 3. 能进行现场的组织协调工作 4. 能进行工序效验与验收评定 **素质：** 培养认真的学习态度和严谨的工作态度	1. 柔性(底)基层施工 2. 半刚性(底)基层施工	1. 现场参观认知路面结构 2. 小组讨论确定施工方法，选择机械 3. 课后查阅资料编制施工方案 4. 施工仿真实训软件操作 5. 小组完成任务制作 PPT 汇报	8	

续上表

序号	项　目	能力要求	工作过程	教学过程设计	参考学时	教学资源
4	项目四 沥青路面施工	**知识：** 1. 理解沥青路面分类及特点 2. 熟悉沥青路面施工方法及常用机械设备 3. 掌握路面施工准备工作内容 **技能：** 1. 能确定沥青路面工艺流程、编制施工方案 2. 能在现场组织施工，并进行人员设备的合理调配工作 3. 能进行施工质量控制及管理工作 4. 能进行工序效验与验收评定 **素质：** 培养认真的学习态度和严谨的工作态度	1. 透层、黏层施工 2. 封层施工 3. 沥青面层施工	1. 参观室外实训场，掌握沥青路面的分类 2. 小组讨论确定施工方法，选择机械 3. 课后查阅资料编制施工方案 4. 施工仿真实训软件操作 5. 小组完成任务制作 PPT 汇报	12	1. 专项实训室 2. 仿真实训软件 3. 室外实训场
5	项目五 水泥混凝土 面层施工	**知识：** 1. 理解水泥混凝土路面的构造组成及优缺点 2. 熟悉水泥混凝土路面施工方法及常用机械设备 **技能：** 1. 能确定混凝土路面施工工艺流程、编制施工方案 2. 能在现场组织施工，并进行人员设备的合理调配工作 3. 能进行施工质量控制及管理工作 4. 能进行工序效验与验收评定 **素质：** 培养认真的学习态度和严谨的工作态度	1. 滑膜机械铺筑 2. 三辊轴机组铺筑 3. 小型机具铺筑	1. 现场认知水泥混凝土路面 2. 小组讨论确定施工方法，选择机械 3. 课后查阅资料编制施工方案 4. 施工仿真实训软件操作 5. 小组完成任务制作 PPT 汇报	8	
合计					48	

（三）教学考核评价建议

本课程的总评成绩 = 平时成绩 + 过程考核成绩 + 笔试成绩。其中，平时成绩占 10%，过程考核成绩占 40%，笔试成绩占 50%。

（四）课程资源的开发与利用

（1）注重现有道桥施工仿真软件的应用，激发学生的学习兴趣，促进学生对知识的理解和掌握。

（2）产学合作开发课程资源，充分利用本行业典型的生产企业的资源，进行产学合作，建立实习实训基地，实践“工学”交替，满足学生的实习实训需要，同时为学生的就业创造机会。

（五）其他说明

本课程标准主要适用于新疆交通职业技术学院铁道工程技术专业。

课程 17　城市轨道交通概论

课程名称:城市轨道交通概论
课程性质:专业拓展课
建议学时:32 学时
适用专业:铁道工程技术

一、前言

(一)课程定位

本课程主要面向轨道交通类专业,为铁道工程技术专业拓展课程,安排在第五学期,共 32 学时。主要是让铁道工程技术专业学生对城市轨道交通有宏观了解与认识,拓宽学生的知识面,有利于学生在城市轨道交通行业就业。

(二)教学设计思路

以项目为驱动,设计项目课程,共八个项目:项目一为认识轨道交通;项目二为轨道交通工程;项目三为轨道交通车站;项目四为轨道交通车辆;项目五为城市轨道交通通信;项目六为城市轨道交通信号系统;项目七为城市轨道交通运营组织;项目八为城市轨道交通车辆段。项目与项目之间并行结构,按照类型进行分项目讲解。

二、课程目标

(一)知识目标

(1)轨道交通发展现状的认知。
(2)轨道交通的建设规模、实施。
(3)城市快速轨道交通项目组成及路网规划。
(4)掌握中间站、会让站和越行站的区别。
(5)铁路车辆的车辆分类及其用途。
(6)城市轨道交通通信概述。
(7)城市轨道交通信号系统的组成。
(8)城市轨道交通运营组织概述。

(9)城市轨道交通车辆段规划与设计。

(二)素质目标

(1)培养学生良好的职业道德、科学严谨的工作态度。
(2)培养学生良好的沟通能力和优秀的团队协作精神。
(3)培养学生勇于创新、与时俱进的工作作风。

授课班学生组建小组,从方案设计、论证、实施、跟进、过程资料收集、测试、评价一系列的流程,培养学生严谨、积极、富有创意、合作、包容的心态,使学生养成整理、整顿、清理、清洁、素养的意识。

三、课程内容与要求(表4-6)

四、实施建议

(一)教材选用和编写建议

1. 教材选用

选用院本教材《轨道交通概论》。

2. 教材编写原则与要求

主要针对上述八个项目进行理论讲解、任务要求下达、组织实施及工单制订,将几大项目做成统一的标准,组织实施。

(二)教学建议

班级分组学生不宜过多,5~6人一组,分工明确,严格按照任务执行,注意过程资料的收集工作。

(三)教学考核评价建议

教学考核分为:过程性考核与项目汇报相结合的方法。
形式分为:自主考核。

(四)课程资源的开发与利用

(1)充分利用学校的课程资源库、报刊、教学挂图、投影片、音像资料和教学软件等。
(2)利用校外网络资源、媒体、国内国际前沿知识来扩展学生的视野。

(五)其他说明

本课程标准主要适用于新疆交通职业技术学院铁道工程技术专业。

城市轨道交通概论课程内容与要求

表 4-6

序号	工作项目	能力要求	模块	任务	活动设计	参考学时
1	项目一 认识轨道交通	**知识：** 1. 总述轨道交通 2. 铁路的发展现状 3. 城市轨道交通发展历史 **技能：** 通过对轨道交通的了解与认识，学会分析项目的流程，以时间为线，认识轨道交通的发展及给现代人带来的便利	1. 轨道交通定义 2. 轨道交通历史 3. 城市轨道交通发展史	1. 分析轨道交通功能及发展 2. 城市轨道交通近几年的发展现状	1. 分组，组成团队 2. 回顾轨道交通发展史 3. 讨论目前城市轨道交通的现状 4. 目前乌鲁木齐轨道交通的发展 5. 总结、讨论、评价	4
2	项目二 轨道交通工程	**知识：** 1. 设计年限与设计阶段 2. 轨道交通的建设规模、实施 3. 城市快速轨道交通项目组成及路网规划 **技能：** 1. 熟悉基本的轨道交通工程设计、规模建设、实施及路网规划 2. 学会轨道交通客流的预测和分析 3. 熟悉明挖地下结构的设计与施工	1. 轨道交通设计与建设规模、实施 2. 轨道交通客流预测分析及地下结构施工设计	1. 熟悉轨道交通前期实施准备工作 2. 对轨道交通客流量预测分析 3. 地下施工设计方法	1. 任务制订 2. 分析城市轨道交通前期建设的必要性 3. 讨论轨道交通工程设计与施工方法 4. 讨论路网规划的依据 5. 施工过程中的地下结构施工注意事项 6. 总结、讨论、评价	4
3	项目三 轨道交通车站	**知识：** 1. 熟悉车站的定义、分类，车站线路种类与线路间距 2. 掌握中间站、会让站和越行站的区别 **技能：** 1. 掌握轨道交通车站结构功能及分类 2. 能联系实际分辨车站类型与区别	1. 车站组成 2. 车站中常见的辅助设备	1. 车站功能分析 2. 分布区域与类别 3. 常见辅助设备功能	1. 明确任务 2. 认识轨道交通车站 3. 分析其分类、功能结构 4. 案例讨论，分析具体车站案例 5. 车站中常见辅助设备 6. 过程资料收集，内容补充 7. 总结、评价、知识点汇总	4
4	项目四 轨道交通车辆	**知识：** 1. 铁路车辆的车辆分类及其用途 2. 地铁车辆的系统构成及车辆基本设计参数 3. 列车编组及联挂方式 4. 车辆限界与整车测量 **技能：** 1. 掌握轨道交通车辆的系统构成、分类及用途 2. 能熟练掌握列车编组方式，学会对车辆衔接及整车进行测量	1. 轨道交通车辆概述	1. 选定任务，查询资料 2. 分析其功能及分类及用途	1. 组队选定任务 2. 讨论明确分工 3. 实施对轨道交通车辆的认识和了解	4
			2. 轨道交通车辆结构设计及列车编组	1. 车辆设计的基本参数	1. 具体实施方法 2. 进度跟进	
				2. 列车编组方式	1. 编组方法 2. 联挂方式	
				3. 界限测量	1. 客观、准确、细心 2. 掌握界限测量的方法，并讨论其重要的意义	

续上表

序号	工作项目	能力要求	模块	任务	活动设计	参考学时
5	项目五 城市轨道交通通信	**知识：** 1. 城市轨道交通通信功能及作用 2. 城市轨道交通通信系统的组成 3. 通信系统作用 **技能：** 1. 能正确学会分析一个项目从开始到结束整个项目的流程 2. 能够有很好的沟通和团队合作能力	1. 轨道交通通信概述	1. 通信系统的发展	1. 分组、明确任务 2. 分析通信系统发展现状	4
				2. 通信系统的重要作用	1. 讨论通信系统在轨道交通中的作用，以具体事例说明 2. 通信系统中的问题讨论及改进设想	
			2. 通信系统组成	通信系统的结构及组成	1. 具体功能结构分析 2. 举例车站中的通信系统组成	
6	项目六 城市轨道交通信号系统	**知识：** 1. 城市轨道交通信号系统的组成 2. 城市轨道交通信号系统 **技能：** 1. 能掌握城市轨道交通信号系统的基本组成、地域划分、线路划分 2. 学会分析轨道交通信号系统中区间闭塞、车站联锁的关系	1. 信号系统的组成 2. 通信号系统内容	1. 基本组成 2. 地域划分 3. 车辆段信号系统 4. 正线信号系统 5. 区间闭塞、车站联锁 6. 列车运行自动控制系统	1. 任务制订 2. 分析城市轨道交通信号系统组成 3. 讨论城市轨道交通信号系统重要性 4. 实例说明城市轨道交通信号系统的具体应用 5. 采集资料说明信号系统中区间闭塞、车站联锁的关系 6. 总结、讨论、评价	4
7	项目七 城市轨道交通运营组织	**知识：** 1. 运营组织概述 2. 运营控制中心 3. 行车组织 **技能：** 1. 能掌握运营组织的基本概念、控制中心作用 2. 学会行车组织的形式与技巧	1. 客运设备设施布置 2. 运营服务的设备 3. 控制中心的设备功能 4. 列车运行图	1. 运营组织概述 2. 设施布置 3. 控制中心的设备功能 4. 行车调度指挥 5. 列车运行组织 6. 车站行车组织	1. 任务制订 2. 分析城市轨道交通运营组织的构成及功能 3. 讨论城市轨道交通运营组织的工作任务 4. 控制中心设备的组成及功能 5. 采集资料初步认识城市轨道交通运营组织中行车调度及列车运行如何操作 6. 总结、讨论、评价	4
8	项目八 城市轨道交通车辆段	**知识：** 1. 能掌握车辆段的组织机构及其功能 2. 熟悉地铁车辆段总平面布置基本形式及其特点 3. 地铁车辆段及停车场布点 **技能：** 1. 城市轨道交通车辆段规划与设计 2. 城市轨道交通车辆段信号设计 3. 城市轨道交通车辆段停车场及洗车线	1. 车辆段组织机构 2. 车辆段出入线的设置 3. 车辆段设计	1. 车辆段一般技术要求 2. 车辆段总结构布置 3. 总平面设计特点 4. 出入线设计要求 5. 车辆段及停车场的分布	1. 任务制订 2. 分析城市轨道交通车辆段的组织构成及功能 3. 讨论城市轨道交通车辆段的工作任务 4. 车辆段总体平面分布形式及特点 5. 采集资料，车辆段及停车场分布以及车辆段出入线的设计方法 6. 总结、讨论、评价	4
合计						32

课程 18　铁路施工岗位能力培训

课程名称:铁路施工岗位能力培训
课程性质:综合实践课
建议学时: 260 学时
适用专业:铁道工程技术

一、前言

本课程是高职铁道工程技术专业的综合实践课程之一,是在学习完铁路轨道施工与维护、铁路桥涵施工与维护、铁路隧道施工与维护等课程后,针对毕业生面向的主要就业岗位铁路施工员的职业能力要求而开设的铁路施工能力提升课程。

二、实训目标

通过施工能力提升实训,为学生毕业后从事铁路施工工作打下坚实的专业基础。同时,也培养学生的政治素质与道德修养,使学生具有良好的职业道德、心理素质、健康体魄和团队精神。

三、项目设计理念

根据铁路工程施工员的岗位工作内容,选取了"铁路工程施工图识读"、"铁路工程施工组织设计"等六个典型工作任务作为学习项目。按照各典型工作任务在施工过程中的先后顺序对学习项目进行了排序。六个学习项目前后关联,环环相扣,前一学习项目是下一学习项目开展的前提。六个项目依次完成后,即可具备铁路工程施工员的能力要求。

四、核心技能描述

铁路施工岗位能力提升实训训练的核心技能是:铁路路基、桥涵、隧道、轨道施工图识读、施工放样、施工工艺控制的能力。

五、课程内容与要求(表 4-7)

六、实施建议

(一)教材选用和编写建议

本课程不统一选用教材。教学时可参考铁路工程施工的技术规范、质量验收规范等。

铁路施工岗位能力培训课程内容与要求

表 4-7

序号	项　目	能力要求	工作过程	教学过程设计	参考学时	教学资源
1	项目一 铁路工程施工图识读	**知识：** 掌握铁路路基、桥梁、涵洞、隧道、轨道的构造 **技能：** 能正确识读铁路线路、桥涵、隧道、轨道施工图表达的内容 **素质：** 培养学生自主查阅资料、系统分析总结的能力，培养学生空间想象能力	1. 浏览全套施工图，检查是否完整、规范 2. 阅读设计说明，熟悉工程结构形式 3. 通读线路、路基、桥梁、隧道、轨道等各部分图纸，校对、检查 4. 从利于施工、利于保证质量角度，提出改进、完善建议 5. 图纸会审 6. 绘制变更部分施工图	1. 教师提供某铁路项目施工图纸 2. 学生分组阅读图纸，讨论、交流 3. 各小组汇报读图情况，列出未读懂的内容或图中的错误内容，师生讨论理清问题 4. 教师通过提问抽查各小组读图完成情况并给出项目成绩	1 周	铁路施工图纸、相关施工规范
2	项目二 铁路工程施工组织设计	**知识：** 熟悉施工组织设计文件的内容 **技能：** 初步掌握施工组织设计编制方法 **素质：** 培养学生宏观管理能力	1. 施工单位根据指导性施工组织设计编制实施性施工组织设计 2. 监理单位审核 3. 指挥部审批	1. 学生查阅资料确定施工组织设计文件编制内容 2. 小组成员结合图纸分工编写施工组织设计内容 3. 教师根据小组上交成果结合抽查提问，给出项目成绩	1 周	铁路施工图纸、相关施工规范
3	项目三 铁路工程施工图预算	**知识：** 熟悉施工预算文件的内容 **技能：** 掌握工程量计算及工程直接费、间接费计算方法 **素质：** 培养学生具备严谨的工作作风	1. 收集图纸等基础资料 2. 了解施工组织设计 3. 计算工程量 4. 计算直接费、间接费	1. 各小组在资料室借领预算定额等资料 2. 学生在软件实训室利用预算软件完成预算编制，教师做过程指导 3. 教师根据上交成果结合抽查提问，给出项目成绩	2 周	铁路施工图纸、预算定额等文件；软件实训室

续上表

序号	项　目	能 力 要 求	工 作 过 程	教学过程设计	参考学时	教 学 资 源
4	项目四 铁路工程 施工放样	**知识：** 掌握铁路工程施工放样的内容 **技能：** 能根据施工图进行施工放样 **素质：** 培养学生的团队意识以及独立学习、独立完成任务的方法能力	1. 线路复测 2. 路基边桩放样 3. 桥涵施工控制测量 4. 墩台定位及轴线测设 5. 桥梁细部施工放样	1. 教师提供工程结构仿真实训场控制点数据和施工图纸 2. 学生查询相关测量规范，选择仪器设备进行施工放样 3. 教师对比放样点位和结构物实体位置检查学生完成情况 4. 小组汇报放样实施过程，教师给出项目成绩	2 周	工程结构仿真实训场施工图纸及控制点数据；相关测量规范
5	项目五 铁路线桥隧施工	**知识：** 掌握铁路工程施工工艺、技术要点、组织管理方式方法 **技能：** 能熟练描述铁路工程施工工艺、技术、组织管理方式方法并实际应用 **素质：** 培养学生的敬业精神、职业服务意识、人际交流沟通能力和一线岗位适应能力以及独立学习、独立完成任务的方法能力	1. 施工技术交底 2. 施工方案编制与实施 3. 施工进度计划安排 4. 施工日志撰写 5. 公路施工组织设计与实施 6. 施工进度计划调整 7. 施工资料汇总编订	1. 教师介绍道桥仿真实训平台 2. 学生登录仿真实训平台大厅进行路基施工、桥梁施工、隧道施工仿真模拟操作 3. 教师利用平台的考核系统，分阶段考核学生对路基施工、桥梁施工、隧道施工程序的掌握程度 4. 系统自动得分作为项目成绩	2 周	道桥仿真实训平台
6	项目六 铁路工程施工 质量检测	**知识：** 掌握铁路工程试验、检测方法、标准应用以及质量评价方法 **技能：** 能熟练描述铁路工程试验、检测方法、标准应用以及质量评价方法并实际应用 **素质：** 培养学生的敬业精神、职业服务意识、人际交流沟通能力和一线岗位适应能力以及独立学习、独立完成任务的方法能力	1. 工程质量检测 2. 工程质量评价 3. 工程质量检测资料编订	1. 学生查询资料，确定铁路工程施工质量检测内容、方法、仪器设备 2. 教师结合实训室仪器设备情况，安排学生对工程结构仿真实训场路基、桥梁、涵洞进行检测 3. 学生根据相关规范、规程等评定工程施工质量	2 周	工程结构仿真实训场；相关试验检测仪器；相关试验规程及试验结果评定办法
合计					10 周(260 学时)	

（二）教学建议

1. 教学条件

（1）软硬件条件。配备有网络多媒体教学系统的教室，有工程结构仿真实训场。

（2）师资条件。教学团队应由专任教师和铁路施工一线技术人员组成，既要有丰富的铁路路基、桥涵、隧道、轨道施工经验，又要具有实施项目教学的能力。

2. 教学方法

贯彻“以学生为中心”的教学理念，实施行动导向教学方法，学生以小组形式，在教师的引导下通过项目的完成，达到岗位能力提升的目的。老师从知识传授者的角色转为学生学习过程的组织者、咨询者和指导者，使教学过程向学生自觉学习过程转化。

（三）教学考核评价建议

改革传统的学业评价手段和方法，采用阶段评价、过程性评价相结合，理论与实践一体化的评价模式。

（1）课程共分6个教学项目。每个项目单独评定成绩，各项目成绩的平均值作为课程最终成绩。

（2）每个项目的评价采用教师评价和学生自评相结合的形式。每个项目实施过程中，教师跟踪各小组的表现，并做相关记录供评分参考；项目任务完成后，教师根据各小组汇报及提交成果材料情况给出各小组得分基数，然后组长根据组员在项目完成中所起的作用和表现状况评定各组员分数（由小组得分基数乘系数确定，系数在0.8～1.1之间取值）。

（四）课程资源的开发与利用

深入铁路施工一线或利用网络收集一线技术人员作业影像资料，建设教学资源库，让学生直观了解现场作业情况。

（五）其他说明

本课程标准主要适用于新疆交通职业技术学院铁道工程技术专业。

课程19　铁路养护岗位能力培训

课程名称：铁路养护岗位能力培训
课程性质：综合实践课
建议学时：260 学时
适用专业：铁道工程技术

一、前言

本课程是高职铁道工程技术专业的综合实践课程之一，是在学习完铁路轨道施工与维护、铁路桥涵施工与维护、铁路隧道施工与维护等课程后，针对毕业生面向的主要就业岗位铁道线路工、铁路桥隧工职业能力需求而开设的铁路线、桥、隧养护与维修能力提升课程。

二、实训目标

通过线、桥、隧维修与养护能力提升实训，为学生毕业后从事铁路养护工作打下坚实的专业基础。同时，也培养学生的政治素质与道德修养，使学生具有良好的职业道德、心理素质、健康体魄和团队精神。

三、项目设计理念

将线路、桥涵、隧道三种不同结构物的维护分别设计成3个学习项目。3个项目的具体工作内容不同，但工作步骤相同。通过3个平行项目的实施，重复工作程序，使学生学会铁路上不同结构物的养护维修方法。

四、核心技能描述

铁路养护岗位能力提升实训训练的核心技能是：轨道几何形位检测，钢轨探伤，线路维修起道、拨道、改道等技能；桥涵、隧道检测等技能。

五、课程内容与要求（表4-8）

六、实施建议

（一）教材选用和编写建议

本课程不统一选用教材。教学时可参考中国铁道出版社2007年出版的由何学科主编的《铁道工务》，也可参考铁路职工岗位培训教材《线路工》、《桥隧工》以及现行《铁路线路修理规则》等行业规范、标准。

表 4-8

铁路养护岗位能力培训课程内容与要求

序号	项 目	能 力 要 求	工 作 过 程	教学过程设计	参考学时	教 学 资 源
1	项目一 铁路线路维修	**知识：** 掌握铁路轨道检测的内容；掌握线路维修的相关规定 **技能：** 能利用仪器设备进行轨道集合状态检测、钢轨探伤操作；能利用小型维修养护设备和机具进行基本维修作业 **素质：** 培养学生的敬业精神、职业服务意识、人际交流沟通能力和一线岗位适应能力以及独立学习、独立完成任务的方法能力	1. 轨道几何形位检测 2. 轨道部件状态检查 3. 线路维修基本作业 4. 曲线养护维修 5. 无缝线路养护维修 6. 道岔养护维修 7. 线路养护维修作业验收	1. 教师布置线路维修工作任务 2. 各小组制订项目管理方案（列出人员分工、工作职责、团队公约等） 3. 学生查阅资料，分组讨论列出线路检查工作内容并汇报 4. 轨道几何状态检测、轨道部件状态检测实操，填写检查记录表（在实训场地完成） 5. 小组汇报轨道检查结论，教师评价阶段性任务完成效果 6. 根据轨道检测结果，确定线路维修作业内容 7. 小组成员分工制订维修作业方案（包括安全防护措施、维修作业操作程序及作业要求等） 8. 按照作业方案训练一般维修作业及无缝线路、道岔、曲线地段的维修作业（在实训场地实施） 9. 小组制作 PPT 汇报项目完成情况，教师抽查实训效果，并评价项目完成效果	4 周	1. 轨道检测、养护维修设备 2. 相关行业规范、规程 3. 相关操作视频、图片
2	项目二 铁路桥涵养护	**知识：** 掌握铁路桥涵检测的内容；掌握桥涵维修的相关规定 **技能：** 能按照规范对桥涵结构进行技术状态检查；能根据桥涵技术状态制订维修作业方案 **素质：** 培养学生的敬业精神、职业服务意识、人际交流沟通能力和一线岗位适应能力以及独立学习、独立完成任务的方法能力	1. 桥涵技术资料调查 2. 铁路桥涵技术状态检查 3. 桥涵建筑物不同结构部位修理 4. 铁路桥涵修理作业验收	1. 教师布置桥涵维修工作任务（依托道桥室外仿真实训场实施） 2. 各小组制订项目管理方案（调整人员分工及职责，变换角色） 3. 学生查阅桥涵施工图纸及相关规范，分组讨论列出桥涵检查工作内容并汇报 4. 桥涵检查实操，填写检查记录表（在实训场地完成） 5. 小组汇报检查结论，教师评价阶段性任务完成效果	2 周	1. 桥梁检测、养护维修设备 2. 相关行业规范、规程 3. 相关操作视频、图片

续上表

序号	项　目	能力要求	工作过程	教学过程设计	参考学时	教学资源
2	项目二 铁路桥涵养护	**知识：** 掌握铁路桥涵检测的内容；掌握桥涵维修的相关规定 **技能：** 能按照规范对桥涵结构进行技术状态检查；能根据桥涵技术状态制订维修作业方案 **素质：** 培养学生的敬业精神、职业服务意识、人际交流沟通能力和一线岗位适应能力以及独立学习、独立完成任务的方法能力	1. 桥涵技术资料调查 2. 铁路桥涵技术状态检查 3. 桥涵建筑物不同结构部位修理 4. 铁路桥涵修理作业验收	6. 根据桥涵检查结果，小组成员分工制订维修作业方案（包括安全防护措施、维修作业操作程序及作业要求等） 7. 小组制作 PPT 汇报项目完成情况，教师评价项目完成效果	2 周	1. 桥梁检测、养护维修设备 2. 相关行业规范、规程 3. 相关操作视频、图片
3	项目三 铁路隧道养护	**知识：** 掌握铁路隧道检查与观测的内容；掌握隧道维修的相关规定 **技能：** 能按照规范对隧道进行检查与观测；能根据隧道常见病害制订对应的维修作业方案 **素质：** 培养学生的敬业精神、职业服务意识、人际交流沟通能力和一线岗位适应能力以及独立学习、独立完成任务的方法能力	1. 隧道检查与观测 2. 隧道病害防治 3. 隧道维修施工 4. 隧道维修作业验收	1. 教师布置工作任务（提供某隧道技术资料） 2. 各小组制订项目管理方案（调整人员分工及职责，变换角色） 3. 学生查阅隧道技术资料及相关规范，分组讨论制订隧道检查与观测方案并汇报 4. 结合实训条件进行部分项目实操，填写检查记录表（在实训场地完成） 5. 教师评价阶段性任务完成效果 6 小组成员分工查询隧道常见病害及维修方法，制订维修作业方案（包括安全防护措施、维修作业操作程序及作业要求等） 7. 小组制作 PPT 汇报项目完成情况，教师评价项目完成效果	2 周	1. 隧道检查、养护维修设备 2. 相关行业规范、规程 3. 相关操作视频、图片
合计					10 周（260 学时）	

（二）教学建议

1. 教学条件

（1）软硬件条件。配备有网络多媒体教学系统的教室，有铁路轨道实训场及轨道检测、养护设备和工具。

（2）师资条件。教学团队应由专任教师和铁路工务部门一线技术人员组成，既要有丰富的铁路线、桥、隧养护维修经验，又要具有实施项目教学的能力。

2. 教学方法

贯彻"以学生为中心"的教学理念，实施行动导向教学方法，学生以小组形式，在教师的引导下通过项目的完成，达到岗位能力提升的目的。老师从知识传授者的角色转为学生学习过程的组织者、咨询者和指导者，使教学过程向学生自觉学习过程转化。

（三）教学考核评价建议

改革传统的学业评价手段和方法，采用阶段评价、过程性评价相结合，理论与实践一体化的评价模式。

（1）课程共分3个教学项目。项目一成绩为总成绩的40%，项目二成绩为总成绩的30%，项目三成绩为总成绩的30%。

（2）每个项目的评价采用教师评价和学生自评相结合的形式。每个项目实施过程中，教师跟踪各小组的表现，并做相关记录供评分参考；项目任务完成后，教师根据各小组汇报及提交成果材料情况给出各小组得分基数，然后组长根据组员在项目完成中所起的作用和表现状况评定各组员分数（由小组得分基数乘系数确定，系数在0.8～1.1之间取值）。

（四）课程资源的开发与利用

深入铁路工务部门或利用网络收集一线技术人员作业影像资料，建设教学资源库，让学生直观了解现场作业情况。

（五）其他说明

本课程标准主要适用于新疆交通职业技术学院铁道工程技术专业。

课程 20　顶 岗 实 习

课程名称:顶岗实习
课程性质:综合实践课
建议学时:442 学时
适用专业:铁道工程技术

一、前言

顶岗实习作为铁道工程技术专业的一项综合实践课程,是铁道工程技术专业人才培养方案中极其重要的一项综合性实践教学内容,是学生职业能力形成的关键教学环节,也是实现培养高技能专业人才的重要途径。通过顶岗实习使学生加深对专业理论知识的理解,学生综合运用所学理论知识与工程实践紧密结合,实现学校与企业、学习与岗位的零距离接触,培养和提高学生实际操作和分析问题、解决问题的能力,促使学生树立正确的职业理想,养成良好的职业道德,形成良好的职业习惯,练就过硬的职业技能,提高综合职业素质,成为符合社会需要的高素质技能型专门人才。

顶岗实习课程内容主要围绕工程技术学习锻炼综合拓展和提升,是从事工程技术职业岗位能力所需掌握的必要内容和必经环节。依据专业人才培养目标要求,教学时根据实习项目、岗位内容、实习要求在顶岗实习单位(主要为铁路工程施工单位、运营维护单位等)完成。

二、实训目标

顶岗实习是学生走上工作岗位前的最后教学环节。总体目标是:通过生产劳动,加深对理论知识的理解,将专业知识和相关政策法规结合,运用到相应的实践岗位,提高观察问题、发现问题、分析问题、解决问题的能力,提高专业水平;全面介入实际工作,具备从事技术指导与组织、管理的实际工作能力;在规范有序的实际工作中养成努力钻研、吃苦耐劳的精神,形成热情服务、严格规范、秉公办事、一丝不苟的好作风。

具体目标是:结合顶岗实习具体工作学习掌握实习单位工程项目施工(或组织、管理)技术,熟悉实习单位工程项目实施(或组织、管理)工作过程,熟悉实习单位工程项目仪器设备(机械物资)的管理、使用和维护,了解实习单位的运作模式、组织结构和文化,了解实习单位岗位人员办公方式与内容,进一步完善知识结构、提高专业综合能力,为后续就业和职业工作奠定坚实基础。

三、项目设计理念

本实习设置在学生完成系统的专业能力培养的最后阶段,具体根据学生预就业意向和实际需求,分别安排学生去不同的实习单位进行工程顶岗实习,独当一面,实现"准就业",使学生认真、全面履行其实习岗位职责,完成工作任务,将起到锻炼学生工作能力和适应能力的特殊作用。

顶岗实习是学生修完教学计划规定的全部课程后所进行的最后一项课程学习。学生到顶岗实习单位现场后,在实习单位指导教师的直接指导下,跟班顶岗参加实际工作现场的技术(或组织、管理)工作,学习项目工作现场的技术(或组织、管理)知识,参加一系列的技术(或组织、管理)活动。在实习过程中,学生将理论与实践相结合,把已学到的专业知识与工程实际情况相对照,从中发现问题,并且要努力把理论知识运用到实践中去,通过实习增长实际知识和技能,培养调查研究、分析、解决问题的能力,以及独立工作与处理问题的能力,培养良好的职业道德素养,逐步建立正确的职业道德观。

根据实习教学要求,结合顶岗实习单位实际类别,按照"突出工程施工技术、兼顾工程组织与管理、能力全面锻炼提升"的目标要求,设置基本教学项目、拓展教学项目,各教学项目根据顶岗实习单位工作内容设置相应模块,实施时应结合顶岗实习单位具体工作内容选择对应模块开展(具体见表4-9),形成现场教学、实践教学、理实一体化教学相结合的综合课程教学模式,强化学生专业技术专项能力,提升学生专业技术综合能力,拓展学生专业素质和职业能力。

教学项目设计 表4-9

项目类别	项目模块	备注
基本教学项目	模块1:铁路工程施工	重点:工程施工工艺、施工技术、施工组织管理
	模块2:铁路工程质量检测	重点:工程试验、检测方法、标准以及质量评价
	模块3:铁路工程养护与管理	重点:工程养护技术、组织管理方式方法
拓展教学项目	模块1:铁路工程监理	重点:工程施工监理程序、内容、方式方法
	模块2:铁路工程勘测设计	重点:工程勘测设计程序、内容、方法及文件编订

在顶岗实习过程中,学校实习指导教师与企业指导教师共同协调配合、分类负责学生的实习管理、任务完成、答疑辅导、实习考核等工作;学生在校企实习指导教师的指导、管理下,完成实习项目、工作任务和能力锻炼,并接受校企实习指导教师分类考核、成绩评定。

四、核心技能描述

通过在实习单位现场顶岗工作、跟班学习、协助工作、参与工作、自学、培训等方式方法,系统学习岗位工作程序、内容、方式方法并拓展学习相关工作,锻炼学生的实际工作能力、独立或协同完成任务能力、理论结合实际解决问题的能力、环境适应能力、社会交际能力、方法能力、职业岗位能力和综合素质,并结合实习工作反思、整理自身专业知识和能力优势与缺点,提高对职业工作的全面认识,做好就业的心理准备。

五、课程内容与要求

教师根据各实习单位的不同情况,可安排学生在单一岗位实习,相应地完成单个教学项目;也可以安排学生分阶段变换实习岗位,完成不同岗位对应的多个教学项目。实习内容与要求详见表4-10。

顶岗实习课程内容与要求

表 4-10

序号	项　目	能 力 要 求	工 作 过 程	教学过程设计	参考学时	教 学 资 源
1	项目一 铁路工程施工	**知识:** 掌握铁路工程施工工艺、技术要点、组织管理方式方法 **技能:** 能熟练描述铁路工程施工工艺、技术、组织管理方式方法并实际应用 **素质:** 培养学生的敬业精神、职业服务意识、人际交流沟通能力和一线岗位适应能力以及独立学习、独立完成任务的方法能力	1. 施工技术交底 2. 施工方案编制与实施 3. 施工进度计划安排 4. 施工日志撰写 5. 公路施工组织设计与实施 6. 施工进度计划调整 7. 施工资料汇总编订	1. 根据实习工作安排和《实习任务书》,在实习指导教师指导下制订《实习计划》并按计划完成顶岗实习工作 2. 过程中整理、总结实习工作和任务完成情况,撰写《实习笔记(周志)》,并按时向实习指导教师汇报、交流、答疑 3. 实习结束前,结合实习工作撰写《实习报告》,实习指导教师鉴定考核、评定成绩,填写《实习考核表》,返校上交实习资料	根据实习单位具体情况定	1. 实习协议 2. 实习任务书 3. 学生实习资料(计划、笔记、周志、报告等) 4. 实习考核表
2	项目二 铁路工程 质量检测	**知识:** 掌握铁路工程试验、检测方法、标准应用以及质量评价方法 **技能:** 能熟练描述铁路工程试验、检测方法、标准应用以及质量评价方法并实际应用 **素质:** 培养学生的敬业精神、职业服务意识、人际交流沟通能力和一线岗位适应能力以及独立学习、独立完成任务的方法能力	1. 工程材料试验 2. 工程结构检测 3. 混合料配合比设计 4. 工程质量检测 5. 工程质量评价 6. 工程质量检测资料编订	1. 根据实习工作安排和《实习任务书》,在实习指导教师指导下制订《实习计划》并按计划完成顶岗实习工作 2. 过程中整理、总结实习工作和任务完成情况,撰写《实习笔记(周志)》,并按时向实习指导教师汇报、交流、答疑 3. 实习结束前,结合实习工作撰写《实习报告》,实习指导教师鉴定考核、评定成绩,填写《实习考核表》,返校上交实习资料	根据实习单位具体情况定	1. 实习协议 2. 实习任务书 3. 学生实习资料(计划、笔记、周志、报告等) 4. 实习考核表
3	项目三 铁路工程养护与管理	**知识:** 了解铁路线桥隧检测、养护技术,组织管理方式方法 **技能:** 能简要描述铁路线桥隧养护技术、组织管理方式方法要点并实际应用 **素质:** 培养学生分析问题、解决问题能力,培养学生人际交往能力和团队意识	1. 铁路线桥隧状态检查 2. 制订维修、养护方案并实施 3. 养护方案实施及后效观测评价	1. 根据实习工作安排和《实习任务书》,在实习指导教师指导下制订《实习计划》并按计划完成顶岗实习工作 2. 过程中整理、总结实习工作和任务完成情况,撰写《实习笔记(周志)》,并按时向实习指导教师汇报、交流、答疑 3. 实习结束前,结合实习工作撰写《实习报告》,实习指导教师鉴定考核、评定成绩,填写《实习考核表》,返校上交实习资料	根据实习单位具体情况定	1. 实习协议 2. 实习任务书 3. 学生实习资料(计划、笔记、周志、报告等) 4. 实习考核表

续上表

序号	项　目	能力要求	工作过程	教学过程设计	参考学时	教学资源
4	项目四 铁路工程监理	**知识：** 掌握铁路工程施工过程监理程序、内容、方式方法 **技能：** 能熟练描述铁路工程施工过程监理程序、内容、方式方法要点并实际应用 **素质：** 培养学生学会人际交往、与他人合作、共同生活和工作的社会能力和解决实际问题、评价工作任务完成结果、工程项目系统化思维的职业岗位能力	1. 铁路工程施工质量监理 2. 铁路工程施工进度监理 3. 铁路工程施工安全监理 4. 铁路工程施工环境监理 5. 铁路工程施工费用监理 6. 铁路工程项目合同管理 7. 铁路工程组织协调	1. 根据实习工作安排和《实习任务书》，在实习指导教师指导下制订《实习计划》并按计划完成顶岗实习工作 2. 过程中整理、总结实习工作和任务完成情况，撰写《实习笔记（周志）》，并按时向实习指导教师汇报、交流、答疑 3. 实习结束前，结合实习工作撰写《实习报告》，实习指导教师鉴定考核、评定成绩，填写《实习考核表》，返校上交实习资料	根据实习单位具体情况定	1. 实习协议 2. 实习任务书 3. 学生实习资料（计划、笔记、周志、报告等） 4. 实习考核表
5	项目五 铁路工程 勘测设计	**知识：** 熟悉铁路工程勘察设计程序、内容、方法及文件编订 **技能：** 能熟练描述铁路工程勘察设计程序、内容、方法要点及文件编订并实际应用 **素质：** 培养学生学会人际交往、与他人合作、共同生活和工作的社会能力和解决实际问题、评价工作任务完成结果、工程项目系统化思维的职业岗位能力	1. 铁路定测队组建与管理 2. 铁路选线、测角工作 3. 铁路中线测设工作 4. 铁线基平、中平测量工作 5. 路线横断面测量工作 6. 路线地形图测绘工作 7. 铁路沿线调查工作 8. 铁路定测内业工作 9. 铁路工程设计工作	1. 根据实习工作安排和《实习任务书》，在实习指导教师指导下制订《实习计划》并按计划完成顶岗实习工作 2. 过程中整理、总结实习工作和任务完成情况，撰写《实习笔记（周志）》，并按时向实习指导教师汇报、交流、答疑 3. 实习结束前，结合实习工作撰写《实习报告》，实习指导教师鉴定考核、评定成绩，填写《实习考核表》，返校上交实习资料	根据实习单位具体情况定	1. 实习协议 2. 实习任务书 3. 学生实习资料（计划、笔记、周志、报告等） 4. 实习考核表

六、其他说明

1.实习组织方式

根据学生专业方向情况和实习单位实际需求,以学校联系为主,个人联系实习单位为辅。由于实习单位分布一般比较分散,学生承担的岗位具有多样性,工作内容具有不确定性。实习指导教师应指导学生根据实际情况,并结合本课程标准制订《实习计划》。实习过程中加强学生和教师的互动,学生主动接受企业实习指导教师和校内指导教师的指导。

2.实习过程安排

(1)专业负责人做出学生顶岗实习安排,明确实习地点、内容、指导教师、时间等。

(2)校内实习指导教师负责实习主要工作,制订《实习任务书》并下发,聘用实习单位技术人员担任校外实习指导教师,全程负责并监督学生的现场实习、安全生产等情况。

(3)召开顶岗实习动员大会,明确实习任务、实习要求及毕业设计内容。

(4)办理学生实习相关手续,发放有关资料。

(5)学生到实习单位报到,开始进行实习,并将《学生工程顶岗实习登记表》以电子版形式发给校内实习指导教师。

(6)根据《实习任务书》,学生结合实习岗位工作,在指导教师的指导下,制订适合自己的《顶岗实习任务书》经指导教师审核确认后实施。

(7)学生根据实习情况,撰写实习笔记,填写《实习周志》,并随时与指导教师汇报、交流、答疑。

(8)实习结束前学生开始整理、总结实习工作,撰写《顶岗实习报告》,经指导教师审核后给校内指导教师发回电子版。

(9)校内、校外实习指导教师对学生实习情况进行分项评价,给定考核成绩,填写《顶岗实习考核表》。

(10)学生返回学校,整理、汇总、上交资料。

3.实习过程管理

(1)指导教师自学生实习之日起应与学生建立沟通渠道,并经常对学生实习进行指导和检查,不定期到现场进行指导和检查。

(2)学生在实习过程中随时与指导教师保持沟通、交流、答疑。

(3)学生实习期间,要注意收集施工资料,根据施工现场情况,对新工艺、新材料、新方法、新结构或本工程中重要施工工艺等拍摄照片和录像资料。每位同学至少拍摄30张照片和2个录像资料,并发给指导教师。

4.实习资料要求

(1)自我联系单位:《学生顶岗实习单位申请书》。

(2)集中安排单位:《校企合作顶岗实习协议书》。

(3)实习开始:《学生顶岗实习登记表》;学生及学生家长应与学校签订《学生顶岗实习协议书》;《学生顶岗实习任务书》。

(4)实习中:《学生顶岗实习计划》、《学生顶岗实习笔记(周志)》、《学生顶岗实习报告》;《实习单位变更申请单》。

(5)实习后:《顶岗实习考核表》。

5. 实习笔记(周志)要求

(1)实习期间实习笔记要连续记录,每周至少记录1次,每次不少于600字。本周的事本周写好,不得事后补记,更不得抄袭其他同学的日记。

(2)记录所在工地的工程概况、施工技术、组织管理等方面的情况。

(3)记录本周实习的内容和所完成的工作,实习工作的操作要领和质量要求,以及实习后的体会和收获等。

(4)必要的内容可采用图示,施工质量应对照有关规范,笔记应字迹工整、文字简练、条目分明、图表清楚,不能记成流水账。

(5)笔记中可摘抄现场有关的技术资料,但不得抄袭施工技术人员的施工日记。

(6)笔记要求按照规定格式手写,不得打印,更不能用施工日志代替。

6.《学生顶岗实习报告》要求

(1)实习项目的概况:工程实体建筑、结构特点的分析,建设地点的特征,施工条件;实习项目的管理体系:项目经理部的组成、项目经理部管理体系,各岗位的责任制(工作内容)、知识、能力要求、工作环境。(可以收集、利用项目上的一些原始资料,简要叙述)

(2)对实习中劳动态度、遵守纪律、安全生产等方面进行评价总结。(可简要叙述)

(3)全面反映生产实习的全过程,对实习期间所承担的工作任务、完成任务情况进行总结。(可简要叙述)

(4)反映实习的体会和收获,对生产实习中发现的问题的思考与处理等。(重点叙述,本部分内容不少于3000字)

(5)独立完成《学生顶岗实习报告》,要全面详细,书写工整,文理通顺。实习报告要求5000字以上。

7. 成绩考核与评定

(1)顶岗实习成绩根据平时考勤、实习成果质量按五级记分评定方法评定。平时考查主要检查学生的出勤情况、学习态度、是否独立完成实习成果等几方面。实习成果着重检查成果完整性和正确性。成绩的评定要按课程的目的要求,突出学生独立解决工程实际问题的能力和创新性的评定。

(2)顶岗实习成绩由学院和实习单位指导教师负责共同进行分项考核,双方分别填写《学生顶岗实习考核表》。

(3)顶岗实习成绩评定分两部分:一是实习单位指导教师对学生的考核(50%),二是学院实习指导教师对学生的考核(50%)。

(4)顶岗实习成绩评定采用五级记分制,分为优秀、良好、一般、合格和不合格5个等级评定。

(5)顶岗实习结束前,学生须按要求准备好所有上交资料,资料不全者,不予评定成绩。

(6)顶岗实习成绩不合格的学生必须随下一届学生重新参加顶岗实习,直至实习成绩合格,方可毕业,取得毕业证书。